人生不必太合群

[日] 小川仁志◎著
唐实◎译

河北科学技术出版社
· 石家庄 ·

一个精神富有者，
首先寻求无痛苦、无烦恼的状态，
过安静、简朴和不被干扰的生活。
一旦对所谓的世人有所了解，他就会避世隐居；
如果他具备深邃而远大的思想，甚至会选择孤独。

［德国］叔本华

序　言

德国著名哲学家叔本华一生孤高，不屈于权力、不追求爱情、不屑于合群，选择独处思考人生。本书的开篇语正是摘自他的著作《人生的智慧》。

看完这段开篇语，大家心中有何观感？寂寞凄凉？同情可怜？

我并不这么认为。

从客观角度来看，叔本华的确是一名孤独的哲学家。但他并非被迫，而是心甘情愿地选择这样的生活方式。我们从这段开篇语中也能感受到一种难以言表的坚定的信念。

现在有越来越多的书将“孤独”作为主题，这也从侧面反映了如今孤独人群逐渐庞大。

我以导师的身份定期出席日本 NHK 电视台教育频道的《向世

界哲学家咨询人生》节目。可能是出于这个原因，很多人向我咨询人生烦恼。

除了电视节目以外，我还在日本《经济学人》周刊“小川仁志用哲学的思考方式解决你的问题”专栏中收到许多读者的种种人生咨询。读者前来咨询的问题中，关于闭门不出引发的困惑特别多，所以我常在此专栏里强调自己“前蛰居族[1]”身份，换位思考读者的现状并给予他们相对合宜的答复。

电视节目和期刊专栏收到的提问有一个共同点：有关孤独的烦恼日渐增多。接下来，我想介绍身边的几个事例。

首先是一名大学生。他是我在山口大学任教时的学生。我们偶尔在校园中碰面，总会闲聊片刻。

有一天他向我吐露烦恼：“入住山口县一年多了，一个朋友都没有交到！”他并没有受到欺凌，却未能融入任何圈子里面。

我尽可能多地给他提出一些建议，比如如何与人交往，平时应该注意哪些沟通技巧。但是我渐渐发现，他其实从内心深处并不想进入校内任何圈子，并不渴望合群。

1　蛰居族：在日本，拒绝上班、上学等逃避社会活动，把自己关在家中半年以上的群体被称为“蛰居族”（hikikomori）。据推算，在日本蛰居族的数量达到110万人以上（数据来源：日本放送协会）。

曾有一次，我看到他独自在食堂吃饭，坐在一个小角落，生怕被别人发现似的。那情景确实孤单。但是，既然不喜欢跟人打交道，孤独就是难免的事情。所以我本着安慰的态度建议他："干脆享受一个人的生活吧。"可他又觉得一个人过日子也难受："大家都有自己的圈子，只有我孤零零地活着，总有莫名的焦虑。我经常想，是不是应该有个朋友才算正常。"

旁观了他的言行，我心中略有所悟。独处这件事本身并不是问题，真正需要我们考虑的问题，应该是"对孤独感到难受"的这种心态。

有人认为孤独是一种不正常现象。但我不敢苟同。真正不正常的其实是对孤独产生烦恼情绪的自己。

接下来介绍一位 20 岁出头的年轻上班族。他千里迢迢来到东京工作，却无法融入周围的圈子里，也没有结交到一个朋友。于是他周末就窝在家里，一天到晚除了网上冲浪没有什么事情可做。他向我诉苦："一想到将来可能要这么孤独过一辈子，心里就忐忑不安。"

是不是很多人都经历过类似的情况？不管求学还是求职，背井离乡来到陌生的城市，没有一个熟人在身边，遍布钢筋水泥的这片土地让自己变得无所适从。

我也有过相似的经历，那段时间特别想家，幸好交到许多要好的朋友，很快便习惯了。而且独自在家的日子里，我也习惯了独处。

也许我们可以反过来思考一下，假如你上网冲浪可以做到废寝忘食，或者能尽情享受一个人的小日子，孤独这件事听起来还那么痛苦吗？

现代社会中，为孤独所苦的不只是年轻人。最近成为焦点的中老龄蛰居族，也面临着同样的问题。

我认识一位 45 岁的独生子。他一直和父母生活，平常爱待在家里种花种菜、看动漫。跟前面两人有所不同的是，他觉得这辈子就这么过下去也不错。所以，客观来讲他并不孤独，可是社会舆论总将这类蛰居族当作“孤独人群”来对待。

我时常举办“哲学咖啡厅”活动。有一次与市民展开哲学对话，过程中谈及孤独的话题，当场也听到了很多类似的事例。当时参加活动的人里，就有人明确反对将“积极的蛰居族”划归为孤独队列。

假如一个人想摆脱蛰居、走出家门去做点什么，却因为种种原因走不出去的话，可以说这的确是一个问题。但如果一个人并不想走出去，而且这样也能够维持生计，那就另当别论了。

“蛰居人群很孤独，我们必须采取措施……”或许这样的认知正在社会中扩散。但我却认为有必要重新认识这个问题。

我认识一位老人，跟同样年迈的妻子相依为命。他经常对我说：“我们没有孩子，所以只要我们之中有一个走了，另外一个人就会很孤独。我对这种随时可能到来的孤独感到很不安。”他一再强调，不想孤零零地死去。

但是不管有没有结婚，有没有孩子，死亡无疑都是一个人的事。我问他为什么不想孤独地死去，他露出一种困惑的表情：“那当然不想啊……”

是不是因为舆论一直在强调“孤独死”这个社会问题，才让这位老年人产生这样的不安呢？

在被称为“人生百年时代”的现在，除非以大家族的形式集体生活，否则一个人死去的情况今后会越来越普遍。这样的情况下，一个人死去真的那么令人恐惧吗？

一个人生活，并不等同于孤独。不管和谁生活，周围有没有伴，只有当你自己的心灵感到孤单，那才叫孤独。孤独是一种情感的问题。而我常常想，其实没有必要为孤独这件事烦恼。

你要知道，每个人都有感到孤独的时刻，它不是什么特殊的情绪。其次，孤独是自己个人的情感问题，不会给他人造成任何麻烦。因此，只要自己能够坦然接纳孤独，这个问题就已经迎刃而解了。

事先声明，我绝不认为孤独是件不好的事。相反，只要我们能与孤独好好相处，就可以通过它积蓄出强大的正能量。

我在此把它定义为“积极的孤独”吧。

之所以能对大家说出这些话，无非是因为自己曾经历过“消极的孤独”。在历经种种孤独体验后，我看清了孤独带来的副作用，同时也发现了它积极向上的一面。

我甚至觉得，只有在孤独的时候才能感受到真正的幸福。

这一切都归功于“哲学”的帮助。走上哲学道路之后，我得以从孤独的痛苦中解脱，并掌握了享受孤独的方法。

为了不再为孤独的烦恼所累，我努力脚踏实地过好一个人的日子。只要把日子过顺了，孤独会给我们带来许多好处，包括优雅的时间和心灵的充裕。

我相信，每个人都想拥有一个人的自由时间。可当你行动起来后，往往会发现事与愿违——自由并不那么简单。

对此，这本书将会介绍一些方法教你如何成为一个完整的个体，享受“有益的孤独”。这也是哲学家对孤独提出的导则。

由衷希望读者通过阅读这本书，坚定自己的立场，不刻意迎合，把“消极的孤独”转化为“积极的孤独”，让一个人的时间变得阳光向上，更有意义。

如果你对孤独持有偏见，总在费尽心思讨好他人，为了融入某个圈子而苦苦挣扎，那么我希望这本书能让你意识到一个人的时间是多么宝贵，看清孤独能带给我们的诸多机会，比如用崭新的方式面对自我、以不同的方式体会自己的成长，等等。

社会舆论和大众媒体一而再再而三地宣传孤独所带来的负面影响，以致很多年轻人在这种“强制联系”的扭曲观点下变得畏惧孤独。我想给他们一些勇气和希望，这也是我撰写本书的目的。

“让我们一起享受孤独吧！”

小川仁志

目录
CONTENTS

第一章 孤独实录：我的彷徨岁月

第二章

好的孤独：
用哲学眼光看孤独

第三章

悲喜自渡：

积极孤独的 7 大功效

第四章

与孤独者对话：
15 位哲学家的人生智慧

第五章

积极孤独实践课：
7 步激发孤独力

第一章

孤独实录

我的彷徨岁月

那些为消极孤独所苦的每一天，

都给之后的积极孤独做了铺设。

这是个孤独的时代

瞧，孤独感在蔓延

我们先来了解现代社会存在怎样的孤独问题。

在“少子老龄化”“婚姻观念和家庭观念的变化”“科技的进步”“人生百年时代”等种种社会背景下，“令和[1]”正逐渐成为一个代表孤独的时代。

我们所追求、所创造的东西，不知不觉中改变了我们存在的模式：从集体到个体，再从个体到孤独的个体。至少在日本，社会情况如此。“核心家庭[2]”“个人主义化”等关键词刚开始流行时，人们心中或多或少察觉到一丝危机感，但业已无力阻止这些现象的蔓延。

这些现象的滋生蔓延，催生出大批孤独人群。很多人独自生活、

1　令和是日本历史上的第 248 个年号，令和元年是 2019 年。

2　核心家庭指由一对夫妻以及未婚子女组成的家庭，又称“小家庭”。

无依无靠，最后在“孤独死”中结束自己的生命。

“令和”这个年号原本是个很美好的词。正如政府介绍的那样，它蕴含着国民相互依靠、相互关爱的美好愿景。然而现实却与愿景背道而驰，“令和”逐渐变成了“零和”。在这个时代里，人们相互依靠的机会趋近于零，大多数人在孤独中走完一生。

少子老龄化

少子老龄化问题存在已久，在日本社会尤甚。过去还常常听到的“鼓励国民生孩子来解决问题”的言论，如今已很少有人提及了。因为随着社会发展不断成熟，人口逐渐减少已经是无法避免的趋势。更何况从生产率角度讲，我们现在处于探索通过科技来弥补人口缺口的阶段，很少再去想如何增加人力来补充劳动力了。

少子化的发展意味着只有一个孩子、甚至没有孩子的家庭将越来越多。换句话说，从前那种以“海螺小姐[1]”为代表的热闹大家庭以后会极为罕见，更多的家庭相处模式是独处多于共处，大人孩子彼此独立、各自安好。

同时，老龄化的发展意味着独居老人不断增多。夫妻二人能相

1 《海螺小姐》是一部日本国民级动画，讲述了生活在三代同堂家庭的女主角海螺小姐身边发生的各种生活趣事。

依为命携手走到最后的已经很少了。更何况现在越来越多的年轻人选择不结婚，那么，漫漫人生长河，孤身到老者又岂会是少数？

说到这里，可能会有读者提出：“不管男女老少只要大家聚在一起生活，问题不就解决了吗？”要知道，现代是每一个个体的价值观极其多样化的时代，人们不可能接受单纯做加法的解决方案。因此，少子老龄化现象本身就是造成孤独社会的一个诱因。

日本被世界公认为少子老龄化的典型国家，是一个很好的研究模型。从这个角度来讲，日本将来也很有可能成为孤独社会的研究模型。

关于少子老龄化带来的问题，大多数人只是着眼于经济和社会保障这两个角度。但结合孤独所产生的一系列问题，今后有必要把它们放在一起讨论。对于日益增加的庞大孤独群体，我们需要思考他们应该如何过好一个人的时间，如何将一个人的时间过得更有趣更快乐。

为了应对少子老龄化难题，日本政府专门设立了“少子化对策担当大臣”。我想政府也应该考虑设立“孤独问题担当大臣”[1]（实际上，英国已经任命了“孤独担当大臣”）。对于少子老龄化引

1　本书的日文原版出版于 2020 年 4 月。而在 2021 年 1 月，日本政府已任命了首位“孤独担当大臣”。

起的种种孤独问题，现在政府有必要绞尽脑汁思考如何解决。

婚姻观念和家庭观念的变化

婚姻观念、家庭观念的变化，对少子老龄化的出现产生了巨大的影响。

前面提到的“海螺小姐”式家庭——三代人同住在一栋房子里、有三个以上兄弟姐妹的家庭在过去非常普遍。包括我小时候也是如此，我家是三兄弟，有段时间也曾三代同堂生活过。当时邻里都是这样的家庭，可如今完全不一样了。

根据日本的普查结果，1980 年（我当时 10 岁）“三代同堂家庭”数量占了总家庭数量的 12.2%，之后这个比例一直走下坡路。到了 2005 年这个数字减少到了 6.1%。正好那时我家孩子出生，我成了父亲。当时询问亲朋好友发现，我身边没有一家是既三代同堂又生三个孩子的。

更不可思议的是，我有好几个朋友到 50 岁还不结婚。这个趋势在年轻人中更加显著，平时跟学生聊天时我常常感到诧异，他们对结婚真的毫无欲望。

晚婚主义、不婚主义、独居……这些现象都在告诉我们，现代人的婚姻和家庭观念发生了翻天覆地的变化。引发这些变化的，正是多样化价值观的出现吧。

二战以前的人们认为结婚是理所当然的。当时也没有宪法规定男女平等，女方嫁给男方、在男方家庭生活是通识。这是因为当时的社会存在着统一的认知，认为家庭就是构建社会的基础，人们需要在这里养育孩子，并把他们培养成为肩负社会发展重任的一分子。这一普遍观念正反映了日本所谓的共同体主义。

后来受西方文化的影响，共同体主义渐渐往个人主义发展，到了如今，依然抱有如上想法的人几乎成为别人眼里的“活化石”。当今女性积极参与到社会活动中，在经济层面不再依靠男性，必须结婚的理由不复存在。更何况科技的发达，让一个人的生活也没有任何不便——甚至说，一个人生活得更加自由。

这样一来，人们自然对结婚的必要性抱有怀疑态度。

当然，恋爱和结婚是两回事。我们从恋爱开始培养感情，时间久了水到渠成，会想跟对方共度余生。但并不一定就会结婚。事实上，如今很多人都把结婚视为一种负担和束缚。

在他们眼里，喜欢一个人并不意味着永远都要与对方相伴，之后的生活中可能产生想要一个人自由支配时间的念头。他们认为，结婚剥夺了人获得个人时光的自由。

婚姻观念的变化必然带来家庭观念的改变。现在的年轻人对家庭的想象，也不再是那种单一的养育很多孩子的大家庭或跟父母长辈同住的家庭了吧。因为他们的成长环境不是那样，自然也想不到构建根本没有见过的家庭。

更何况，现在养育孩子成本高昂，看护年迈的父母也是不小的开销，很多年轻人觉得大家庭的生活非常艰辛。

而选择独居可以将平日的接触人群控制到最少，这么想来现代人热衷独居也是情理之中的事。因此，婚姻观念、家庭观念的变化，也是孤独问题的形成因素之一。

科技的进步

科技发展历时已久，它并不是一件新鲜事。不过，互联网、人工智能等让生活更加便利的新兴技术，是谈及孤独问题时不得不提的要素。

互联网在过去的三十年间已逐渐成了生活里必不可缺的主角。而近些年，以“5G”为代表的高速大容量通讯系统的出现，让我们不禁期待它将带来的更加异次元的便利。今天，手机、电脑能给我们提供各种各样的远程服务，在未来甚至可能能够满足生活工作的全部需求。

随之产生的必然结果是，人们不再愿意出门。谁也不想再挤地铁通勤或上学，因为大家会意识到移动本身就是时间的浪费。整天不见人，远离社交，窝在房间独处的时间会越来越长。

如果你想体验外面的世界，可以通过 VR（Virtual Reality，虚拟现实）或 AR（Augmented Reality，增强现实）看房间外面的世界。不，准确说是可以体验到比外面的世界更富画面感的超现实世界。

同样的，技术的进步也会给人际交流带来巨大的变化。我们无须接触现实中的人们，仅通过“超现实的”虚拟人物就能满足交流的需求。

人们不再走出家门与人交流，最重要的原因无疑是 SNS（Social Network Service，社交网络服务）的普及。

仅通过社交网络的文字消息与外界沟通的人，如今不在少数。不夸张地说，很多人的联系可能止于“点赞之交”（当然这能否称得上“联系”都另当别论）。

还有一些人，在社交媒体上从不做图文视频的发布，只是浏览别人的投稿来获得愉悦和充实感，似乎只要默默浏览就能获得与人交流的快感。

社交网络的开发，当初是为了加强人与人之间的联系。但是，它好像成了一个创造孤独人群的大型机器。社交网络正在加速孤独社会的形成。

当然我也在使用这些社交网络服务，没有资格否定它的一切。但是它已经超越了工具的范畴，让“使用”本身成了一种目的，这是真正的问题所在。

比如有些人因为没有使用社交网络而焦虑不安，这些人就是把使用本身当成目的。请思考一下，我们对待通信工具，是不是只在需要的时候才会用它？而很多人不管是否出于交流的需要，只要一天不登录社交网络，生活就几乎无法继续。

更加严重的是，这些通信工具存在一种矛盾——它并不能够带来真正意义上的交流。

随着社交网络渗透我们的生活，它带来的后果是我们不可回避地、甚至是被强迫着过上了孤独的日常。真正意义上的沟通反而变淡了。

先不谈好坏，久而久之今后不出家门也能维持生计的人会越来越多。这也是日本蛰居族大量出现的原因之一。

人生百年时代

“人生百年时代”已到来。得益于现代医学的快速发展，我们的健康寿命延长了，每个人都有机会活过 100 岁。但它带来的变化不仅只是平均寿命的延长。

说白了，我们过去的日子就如同“人生六十年时代”。许多人拼命工作熬到 60 岁退休，退休之后便失去目标，漫无目的地走完人生。

这样评价一个人的人生可能过于偏激，但大多数日本人的事实如此。而且，年轻人、国家政府都在抱怨对老人的社会福祉支出是国家的沉重负担。似乎 60 岁之后的人生只能给社会带来不幸。

但如今，“人生百年时代”意味着每个人都有机会，直到临终都能发挥价值、为社会做贡献。人生的长度大概可以变成过去的两倍。从某种意义上说，这个时间甚至可以延伸至 3 倍、4 倍之多。我们常常把改变工作或生活方式比喻为改变人生，或者是迎接第二、第三人生。在人生漫漫长途中，只要经历几次工作或生活方式的改变，就能重新开始新的人生。

那么，在这样的人生百年时代中，为何“孤独”会成为问题呢？

首先是时间的缘故。我们知道，随着人的寿命越来越长，独处的时间也会变长。前文所述的科技的发展，也会相应地增加独处的时间。

另外时间久了会产生厌倦。人本来就是容易疲劳的动物，人与人在一起是会厌倦的。

一天 24 小时里，总有渴望独处的一刻。换到百年人生，渴望孤独的时间可能是几个月、一年，甚至是几年。比如突然想一个人出去旅行一个月，或去附近山里隐居几个月。举个更现实的例子，你可能会想独自留学。百年人生里，类似的念头一定会出现。

也许有读者提出疑问："到底能不能把这些时间定义为孤独呢？因为大多数人脑海中所理解的孤独，是整天待在家里不和人打交道。"当然，这也是孤独。我们需要认识到，"孤独"这个词语可以从许多方面来解释，这个特征在现代社会尤其显著。

蛰居族是竞争社会的产物

我想谈一下孤独问题的另一个焦点——蛰居族。不管蛰居族还是尼特族[1]，都折射出现代社会的孤独问题。

待在家里无所事事的人被视为孤独群体。现在很多人都过着这样的生活，而且群体不仅限于年轻人，许多中老年人也如此。在日本，单单40岁到64岁的中高龄蛰居族就有61万人，这则新闻曾给日本社会带来巨大的冲击。这还仅是一个推算结果，现实可能要比这个数字更严峻。如果再算上年轻人，数字将会有多大……可想而知。

前文介绍过社交网络创造了无须出门见人也能维持交流的环境。但是，即使拥有这个工具，人们通常还是会有出门的欲望和需

1 尼特族是由"Not currently engaged in Employment, Education or Training"的缩写"NEET"音译而来，指一些不升学、不就业、不进修，终日无所事事的人群。在中国大陆通常称为"家里蹲"或"啃老族"。

求的。蛰居族宁愿放弃一切欲望选择闭门不出，背后应该有常人无法想象的理由。

作为前蛰居族的我对此现象深有体会，用一句话概括，我认为这是现代竞争社会的产物。

只要社会存在竞争，“输家”必然出现。一些“被打败”的人群，特别是输得彻底没有挽回余地的人们，就再也不想参与到这场竞争中了。

试问，假如你即将要面对的比赛是毫无胜算、没有一丝一毫希望的，你还会坚持参加这个比赛吗？无疑，很多人会放弃这种无谓的挣扎。

蛰居族、尼特族里的很多人正是在这样的人生比赛中，尝尽了太多的绝望，最终不得已选择他们现在的生活方式。

更可悲的是，现在近乎所有的人都在人生比赛的边缘挣扎。不管男女老少，太多的人选择放弃竞争、闭门不出，从此活在自己的世界里。

随之而来的结果就是孤独。经过这么一番思考，我们会发现让人们被迫孤独的罪魁祸首，正是这个过度竞争的社会。如果社会中不存在那样的竞争，很多人也不会走向蛰居。

低谷期的救赎：哲学与孤独

我的所谓“精英道路”

不夸张地说，现代存在的一系列孤独问题，都是由外界不可抗力因素导致的。很多人——不管他们愿不愿意——都“被迫”处在孤独的状况之中。

我也是如此。迄今为止的生涯中有过几次被迫孤独的经历，但每一次孤独带给我的意义却不尽相同。有时它带给我痛苦与不堪，有时又让我倍感珍惜。为何结果如此大相径庭呢？为了探索这个问题，请允许我先讲述自己的孤独过往。

在20世纪80年代，当时我很年轻，周围人都说只要考上好大学、毕业找到好工作，就能一生吃喝不愁。这种“只要努力就有回报”的“日本式成长模型”已经成为人们心中的神话——很多人对此深信不疑。不，准确地说，人们相信的应该是“即使不努力，只要按别人说的做准没错”。而随着二十世纪八十年代末日本经济泡沫的到来，这种信仰也达到了巅峰。

彼时我是一个“听话”的人，听从周围的劝导努力学习，考上京都大学法学部，毕业后成功入职日本著名的商社[1]伊藤忠商事。我成了旁人嘴里的“精英”。

“以后可以高枕无忧了！”……

可没过多久，日本泡沫经济破裂，曾经盛行的成长神话也开始渐渐瓦解。

恰逢此时，公司决定把我派到中国台湾地区工作。那与其说是一份工作，实际上更像是以语言研修生的身份去中国学习一年的难得机会。

那时正值台北市市长选举之际。有一天，当地电视台通过我所就读的语言学校对我发出邀请，让我作为留学生代表去参与电台讨论。当时看到那些普通的大学生在电视台这种公开场合热烈讨论的样子，我心里震撼极了。

1 商社：集贸易、产业、金融及信息等为一体的大型跨国公司，为日本流行企业形态。日本著名的五大商社有：三菱商事、三井物产、住友商事、丸红、伊藤忠商事。

大门不出二门不迈的蛰居人

在台北市工作满一年后，我又被派到北京市负责销售业务。但我仍时不时回想起在台北市与学生们讨论政治的场景，萌生出一股用行动改变社会的热情。直到有一天，我下定决心辞掉工作，投身志愿者事业——现在回忆起来，当时真是冲动。

我并没有足够的知识和经验去改变社会，我能拿得出来的只有还算亮眼的资历——名牌大学毕业、曾就职于大型跨国公司。当时我根本没有想到，如果真正想投身志愿者活动中去帮助有困难的人们，我那些无关的经历和无谓的自尊反而起到负面作用。

没过多久我就遭遇挫折，在茫然中也做了很多尝试，也曾为当上律师而奋斗，但这些努力都没有结果。再后来，我就先成为自由职业者，后沦为了蛰居族。

时间过得飞快，我二十打头的最后四年的时光就那样生生消磨浪费掉了。

最后那一年，我简直就成了最典型的蛰居族代表。“名牌大学毕业、曾在跨国公司就职的精英，现在竟然没有一份稳定工作！”一走出门，就觉得有人偷偷地这样嘲笑我。我害怕见到任何人，于是选择了成天闭门不出。

眼看就要三十岁，也许是出于焦虑，一个可怕的念头不断闪过脑海——“我的人生要完蛋了！”

当然，如果当时能拉下面子，尝试做点什么往上爬，也许还有重来的机会。但我的自尊心不容许我那么干。我害怕被人指指点点："辞掉大公司时那么狂妄，瞧！现在不还是要到小公司混饭吃！"想到这儿，我就望而却步。

我的老家在京都，但我辞掉工作后并没有回到家乡，而是一直留在东京——我当时是无颜见家乡父老的。所以自从成为蛰居族，我就更没有可以依靠的人了。虽然当时身边也有一些关心我的朋友，但我开始回避跟他们的来往。

夜晚的时间最难熬。白天望向窗外观察马路上的人来人往，这样能感受到自己是社会，或者说是人类群体中的一员。但一到夜晚就真的陷入了一个人的世界，那种孤独感令我发狂，仿佛渐渐进入一种精神失常的状态。因为寂寞，我会故意找销售员聊天，有时候也会走到公园，旁观那些看上去很幸福的家庭——现在想来，当时的行为真是怪异无比。

而且蛰居生活让我的生物钟紊乱，晚上难以入眠，我常常面无表情地在各个小巷之间徘徊——其实我徘徊的不仅仅是东京的某处街道，我的人生道路也在迷茫着。偶尔还会产生被社会彻底抛弃了的想法。直到现在我还记得，每次出现这样的想法时，孤单带来的凄凉总让我浑身战栗。

这种战栗会腐蚀一个人的心灵。生活节奏不规律还直接导致身心上的种种病痛。由于焦虑不安，日日苦于严重的偏头痛；由于长期睡眠不足，我陷入了抑郁。

我的大肠出血了。听到医生诊断疑似大肠癌之后，我甚至做好了死亡的心理准备。不幸中的万幸，检查结果表明这次出血只是出于精神压力。如果那样的生活方式再持续几个月的话，我可能早已不在人世了。

颓废时遇见哲学

保住性命后，为了找到拯救自己的方法，我急不暇择地涉猎各种学科的入门书，其中还包括宗教神灵等。然而他们宣传的是只要信仰神灵、坚持祈祷就能得到救赎，并没有给出让我信服的具体的行动方案。

在广阔浩瀚的书海中，唯一绽放光芒的是哲学。只有哲学阐述了通过自身努力开拓人生道路的方法。不像宗教神灵宣扬“坚信伟大的力量会拯救自己”，哲学告诉我的是“需要学会怀疑一切，开拓自己的人生道路”。

在此之前，我一直相信只要依托“名牌大学”“跨国公司”这些耀眼的标签就能一生高枕无忧。可是社会并不那么简单，哲学让我意识到，不应该靠外在事物，而要通过自己的力量开拓人生。哲学就是这样的学问。

于是我开始废寝忘食地翻阅哲学入门书籍，从入门书籍开始是因为对外行来说哲学古典著作的理解难度太高。

当时读过的书现在很难一一罗列出了，不过它们所描述的内容我仍记忆犹新——几乎每一本书都在反复强调怀疑一切以及勇于面对自我的重要性。

回顾自己的经历我深深领悟到，孤独是接触哲学的最好契机。孤独中的人容易烦恼，哲学正是帮助你重新振作的有效工具。

许多人接触哲学只是因为它是大学课程中的一门选修课，为了学分迫不得已选择它——然而这样的相遇对于彼此都是不幸的。

人们很难爱上被强迫灌输的东西。尤其大学里作为通识教育的哲学课，几乎都是老师对教案的刻板陈述，难以激起我们的兴趣。很多课程与其称为哲学课，还不如称为哲学史或是某些哲学家的学说介绍课。

如果你并不是为了修满学分，而是出于某种烦恼去寻索答案，且愿意花一些工夫探索究竟的话，哲学就不再是那个讨厌的家伙了。它会变成排忧解难的工具出现在你眼前，这是很多人都没有见过的哲学的另一面。

到底哪一面才是真正的哲学呢？无疑是后者。哲学从来都不是一个学科题材，而是一个让人生变得越来越好的工具。从伟大哲学家苏格拉底的古希腊时代到现在——一直如此。

所幸我是在拼命挣脱孤独的过程中遇上了哲学，才对哲学怀有如此美好的印象。在这个意义上，我非常感谢那段孤独的经历。

30 岁，重归社会

随着逐渐沉迷于哲学，我的孤独感消失了，这对我来说是非常不可思议的体验。虽然每天还是同样在思考如何一个人度过人生，但对比之前可是完全不同的心境。

学习哲学之外的闲暇时间我开始找工作，报名了 30 岁也可以参加的市政府公务员考试。

“为什么报市政府呢？”别人常常问我。主要是以往的经历让我萌生想要改变社会的想法。而这种想法一直藏在心底，所以考公务员算是一个理想的选择。

其实辞职后马上找工作才是最合理的，可“跨国公司出身”那种无谓的优越感和自尊心阻碍了我的行动。

然而，长达四年的蛰居生活以及与哲学的相逢，让我不再为那些无聊的尊严而驻足不前。

遇上哲学之后，我的生活发生了翻天覆地的变化，每一天都变得更加充实。我的日常也不再像以往那样无所事事、自甘堕落，而是进化到了博览群书、保持深度思考的日常状态。

30岁这个年纪报考市政府属于高龄，不过我还是通过“新人选拔”渠道报考，所以算是新手公务员的一员，也必然地有了很多同时期入职的伙伴。他们很多都是大学刚毕业，大家的相处氛围很是和气，经常一起吃午饭、组织各种聚会。

他们都很善良，热情地邀请我这个“大叔”进入他们的圈子。如果我还是一个蛰居族，可能会很开心参加他们的聚会。但当时的我由于沉溺哲学，珍惜一切时间读书思考，甚至到了宁可花钱也要拥有独处时间的地步。这可不是在开玩笑，工作中难免有不得不去的饭局，但我经常在交掉自己那份会费之后就赶紧回家了——会费算是缺席饭局的谢罪费。

我也经常在午休时间独自前往阅览室读书，这样一来大家都以为我是一个不善交际的人，也便不再喊我参加聚会了。虽然我意识到周围人的怜悯目光，但是每逢此时内心都会感到一种解脱：终于有一个人的时间了。

这是我30年人生经历中第一次出现的心态，之后我也一贯保持着这样的处世之道。人生，不必太合群。

我曾想，一定有某个瞬间，让我对孤独的态度由消极走向积极，而这个瞬间应该就是我遇到哲学的那一刻。但现在看来可能不止于此，更重要的应该是那些为消极孤独所苦的每一天，都给之后的积极孤独做了铺设。

市政府的公务员，成了哲学家

一边在市政府工作，一边忙里偷闲学习哲学成了我的日常。

某天，我偶然间接触到一个可以边工作边学习哲学的在职研究生课程。这个课程分昼夜两种，如果你是上班族，白天需要工作，那么只要选择晚上的课程，同样能获得硕士或博士学位。学院的研讨发表会也可以灵活安排到晚上或者周末。

深入了解后，我发现里面有一个叫“公共哲学”的专业，这个专业是教授如何将哲学应用于社会。

我心中那股想要改变社会的热情尚未消失，于是果断报名了这个专业。在我心中，公共哲学是连接“改变自我的哲学”和“改变社会的哲学”的桥梁。

再后来，虽然我也涉猎过许多其他种类的哲学领域，但最终我还是选择继续深挖公共哲学。

在研究生院中我不仅学习了阅读文献的方法，还学到了对不同观点进行讨论的方式、写论文的种种技巧。

读完入门书之后阅读经典著作并思考其中的意图，这个过程其实无须读研，我一个人也可以完成。但遇到无法理解的问题，以及如何写论文，这些都是自己一个人解决不了的。

研究生院的经历给我提供了可以深挖哲学的珍贵机会，教会我如何思考，如何把思考的内容用语言表达出来。学会这些方法之后，我仿佛学会了一种全新的自我表达方式。

在学习哲学之前我经常感到苦恼。有时思考良久却想不出什么结果，便放弃思考；有时思考出了东西却无法把它用语言表达出来。后来学会了解决方法之后，我很快变成了一个善于论辩的人。我能够在论文中流畅表达自己的想法，并且通过演讲将它展现给大众。

在攻读博士课程的第三年，我幸运地获得了在某高专（高等专门学校）担任哲学教员的机会。此时，市政府的小川，成了一个名副其实的哲学家。这也正是我出版的第一本书的书名：《转身力：市政府的小川成了哲学家》。

36 岁时我辞掉了市政府的工作，以哲学家的身份在高专任教。极其普通的一个市政府职员——不，应该是前蛰居族——之所以能够成为哲学家，很明显是因为我经历过那些孤独困苦的日子。与此同时，坚持在孤独中深挖哲学，也是我转身成功不可或缺的因素。

窥见孤独的内核：从“消极的孤独”到“积极的孤独”

人生是我一个人的战场

种种过往提醒着我，人不能一直活在群体之中，也不能一直停留在消极的孤独之中，我们须得习得一种积极的孤独。

过去我坚信与人相伴才是幸福，在无法与人交流的日子里烦躁不安。这也许是因为我家有三兄弟，而且我从小住在祖父母家，跟亲戚往来频繁。小时候在学校我也一直跟同学成群结队，我是一个害怕独自行动的孩子。

进入大学之后我还是那样的性格，所以大学里我也不会独来独往。如果一天没有任何聚会或见面安排，我一整天都会坐卧不安。

每次听说某某为了梦想休学去了非洲、某某远赴法国留学，我心中都替对方担忧：“一个人在国外多寂寞啊。”可说不定，人家心里反而为没有追求和理想的我而摇头叹气呢。

当时的我坚信，和别人一样从名校毕业、找个高薪工作就能无忧无虑地生活。但现实给我上了一课。只要道路稍有偏差，你就会明白——人生并非团体战，终究还是个人战。

直到辞掉第一份工作后我才察觉到这个现实。刚开始幻想着公司外面有另外一个世界，能让我活得更自由、更快乐。现实可没有那么美好。

我度过了一段很长的消极孤独的日子，但也正因为有这样的经历，我才拥有足够多的时间去面对自己，从中学会如何与自己对话、如何集中丁一件事情。

不过对当时的我来说，那段经历是痛苦无比的。因为当时的状态与我一直以来的幸福准则“与人相伴才是幸福”是完全对立的。

等我真正可以将孤独视为积极向上的事情后，我才领悟到：人生并不是“要么群聚，要么孤独”的。

独处时，我也有想做的事情，也想全身心投入进去。当我意识到这一点的瞬间，我的消极孤独便成功转化成了积极孤独。正是哲学给了我这样的契机。

从寂寞的黑暗中挣脱

哲学就像黑洞一样让我深陷其中无法自拔，每天废寝忘食地通览入门书籍。即使是入门书籍，想要把它理解透彻也需要花很多的时间。

后来经历过几次搬家，那些书籍很多已经找不到了。不过我的书柜里依旧存放着当时研读的第一本哲学入门书。

有一天我无意间在书柜中看到它，翻开一看不禁泫然欲泣。书上有很多划重点的痕迹，留白处也记满了笔记。当时为了理解一本书需要反反复复阅读好几遍，重要的地方、有疑问的地方都会做笔记和标注。

说到底，我后来出版的那些哲学入门书，或多或少都是以最初陪伴我的入门书籍为基础的。

那些笔记现在看来有些滑稽，但也留存下了我拼命搏斗的影子。当时的我曾试图战胜懦弱的自己、吞咽强大的哲学猛兽，以及逃离名为“孤独”的黑暗深渊。

所幸，我的努力让我成功击败了上述所有劲敌。

我的心态开始变得积极向上、开始渴望回归社会，并想更深入地理解哲学这门学问，对其探索究竟。

这其实并不容易。因为许多人最初接触哲学时都是充满好奇，但认识到它的深奥难解之后就会因为挫折感而放弃。但我有些不一样，可能因为我当时并没有退路，才破釜沉舟越过了这道坎。

在那之后，我不仅从寂寞的黑暗里挣脱，还重新让自己变得开朗起来。

不，准确地说，在别人眼里也许我还是跟过去一样“蜗居”在家，但我的心灵却发生了变化。

像这样，我成功驯服了孤独这匹猛兽，也拥有了不走寻常路的勇气，坚持不懈地在这条道路上前行。

从这段壮烈的人生经历之中我获得了什么呢？用一句话概括，就是把“消极的孤独”转化为“积极的孤独”的方法。我学会了把孤独转化为力量、过充实的生活、走向成功的秘诀。

说多少次都不为过——是“哲学”让我领悟到了这些秘诀。

第二章

好的孤独

用哲学眼光看孤独

孤独并不是非黑即白，
中间还有许多渐变色。

孤独五讲

孤独是好是坏？

前面我说了孤独的种种案例，其中也包括我自己的亲身经历。在谈这些案例时，我故意没有明确“孤独”的定义。

你可能已经察觉到了。孤独分为两种，一种是好的孤独，一种是坏的孤独。我之前用“积极的孤独”和“消极的孤独”来表示它具有两面性。

在此，我们不妨再思考一下：孤独到底是什么？

“一个人很孤独。”这大概是许多人对孤独抱有的印象吧。现实中也是，孤独很多时候是以贬义词的形式出现的。

“孤独的人”“孤独终老”“孤独的生活”“逃离孤独”……

这些组合看起来一点也不违和，因为在大多数人眼里孤独就是表达负面含义的词语。

但是，事实果真如此吗？这种解释本身有没有可能就是一种偏见呢？——哲学正是怀疑和思考这些问题的学问。

其实我们平时所接触到的词语，很多都是出于各种偏见而使用的。所以经常会用错词，改变词汇原有意思的情况屡屡发生。因此我们有必要对一个词追根溯源，去除既有偏见之后再思考问题。对“孤独”这个单词也是如此。

在哲学世界里，从这样的讨论切入主题才是最常规的步骤。但我却故意从具体的例子切入，是因为缺少具体事例讨论出来的东西常常止于抽象的言论。这样的思考模式也是我推崇的交流方式，以具体事例抛砖引玉，之后升华到抽象的概念。

我举办“哲学咖啡厅”讲座活动时也是如此。有意识地先对抽象的主题找出一些案例，使用这些案例和大家进行具体的讨论，之后把得出来的结论升华到一个抽象的概念，然后再展开用其他具体的例子进行论证……

所以讨论任何主题之前，我会先让大家发表对该主题、词语是如何理解的，会在什么场合下使用。常常在此阶段就能发现，不同的人对同一个主题或词语都有不同的理解和使用方法。这样一来，大家也能够很自然地领悟到“怀疑已有偏见”的哲学思考模式。

“个别人的经验之谈并不重要，请你赶快切入哲学主题吧！”也有人会提出如上这种要求，但是大家需要懂得，这正是探讨哲学的第一步。

在群体中感受自己

回到开头的提问：孤独是什么？

我们先按照哲学的常规步骤探讨一下吧。先举一些关于孤独的常见说法，然后对它们进行怀疑、批判。

大家是如何定义孤独的呢？

说到“定义”可能让人不知所措，但每个人应该都对它有大致的印象吧。

这些印象大多会跟字典里的解释重合，因为很多人对字典是照搬吸收、深信不疑。

也许现代人不再使用字典，而是会上网搜一下。但本质都是一样的，只是通过上网搜索字典或是代替字典的网站而已。

在我手头的一本字典《大辞泉增补·新装版》上对孤独的解释如下：

“孤立无所依附，独自一个人。不合群，不喜欢跟人来往，寂寞的状态。”

大家觉得这个解释如何？跟你的想法一致吗？

估计是一致的。我们说“他是一个孤独的人”“我很孤独”的时候就是以上述的形式表达出来的，都是在表达一个人寂寞空虚的状态。

但这一定是正确的吗？

字典上写着“孤立无所依附，独自一个人”，可你是否也经历过“有朋友，却依然孤独”的体验呢？

再者，字典还写着“不合群，不喜欢跟人来往，寂寞的状态”。但不想跟人来往的时候，你每每都会感到寂寞吗？

思考到这个地步，也许你会觉得我在钻牛角尖，可这就是哲学。只有通过这样的方式才能发现，我们以为理所当然的事情背后隐藏着的本质是什么。

怀疑之后应该干什么呢？接下来我们需要换一下视角，从多个不同的角度看待问题。

比如思考“如果有一个国王，他的周围都是只会溜须拍马的亲信，他是什么心情呢？”“一天到晚被粉丝、媒体围绕的偶像明星，他的处境是怎样的呢？”

如果我是那个国王，即使整天被人包围也会感到孤独；如果我是那个偶像明星，我只想立即逃到某个孤岛呢——这些反而是为了寻求孤独。

像这样从不同角度考虑问题之后，会发现字典上所描述的内容不一定完全正确。这时候你可以用自己的语言去阐释、重构孤独的含义。

你会发现，孤独的出现跟周围有多少人没有什么关系。我们都有渴望独处的时候，这时会主动追求孤独。

如果按照正规哲学方式真正探讨起来还需要一些更复杂的步骤，但是为了便于理解，我就简单介绍了一下大概的思路。

最后让我们总结一下上一步的定义，也就是说我们要把孤独的定义表达成“孤独是 ×××”的形式。

如果让我来提炼成一句话，我会说：“孤独是在群体之中感受的一个人的时间。”

不过这只是一个暂定的答案。在后面，我会说出自己的最终答案。而在此之前，我想让读者体验一下用哲学思路探究问题的过程。

不，哲学是永无止境的，我的最终答案也绝不是哲学的最终结论，它只是本书的最终答案而已。

每个人对哲学都有不同的想法，而且同一个人在不同时期想法也会发生改变，所以我们需要持续性思考。

也许在世界的某一个角落存在所谓的真理，但这个真理是无法轻易得到的。我们希望得到的，仅仅是对自己来说的那个“最佳答案”。

逃脱孤独的“轻松法”

也许有人不喜欢上述主观性的思考，那么我们也从科学角度思考一下。

世界上的确有人试图从科学的角度来研究孤独的问题。

比如约翰·卡乔波和威廉·帕特里克在著作《孤独是可耻的：你我都需要社会联系》中通过一系列实验总结出了影响孤独的三个因素：

①对社会脱节的承受能力；

②对孤立及相关情绪的自我调节能力；

③对他人的心理预期、推理和评判。

他们认为这三个因素的相互影响是形成孤独的原因。我们可以试着把这三个因素换成下面的说法：

①对一个人独处的承受能力；

②孤立期间自我调节心态的能力；

③对他人眼光和想法的揣测。

举个例子，假如有个人讨厌独来独往，一旦一个人独处就焦虑不安。如果这个人能够调节好自己的心态，问题就迎刃而解了。但如果他无法调整心态，甚至总以为别人对他漠不关心的话，他就非常容易陷入孤独的痛苦。

说到这里我想起我的一名学生。他说自己在海外留学的时候，恰恰遇到了这样的情况。

他本来就不喜欢独处，而且经常因为调节不好自己的心态而烦恼。另外再加上语言上的障碍，让他无法融入当地学生的圈子里。

渐渐地他有了一种错觉，认为当地学生故意把他排挤到圈子外，因而他的孤独感与日俱增。

从这个例子可以看出，上述三个因素的确促进了孤独的形成。

正因为如此，我很早前就开始好奇，为什么不同的人对独处的承受能力不一样。我认为这个能力才是形成孤独的最大原因。

如果这是由遗传基因决定的话，不禁让人联想，动物是不是也有孤独的情感呢？

其实对这点，卡乔波等科学家早有探究。书中引用“哈洛依恋实验”解释道，不管人还是动物，与其他个体的联系（特别是触觉感受）和孤独感有着密切关联。

有些读者可能早有听说，在这项实验中，研究员先把刚出生的猴子从亲生母亲的怀中抱走，然后在它眼前放两只玩偶：一只是胸前挂着奶瓶的铁丝妈妈，另一只是没有奶瓶的绒布妈妈。接下来观察猴子宝宝的行动。

结果发现猴子宝宝除了吃奶以外，大部分时间喜欢依偎在绒布妈妈的怀抱中。也就是说，它追求的是触觉上的舒适。

心理学家哈洛还发现，假如一只猴子在没有触觉舒适感的环境里成长，它的精神以及情感控制方面的发育速度会比正常猴子显著放慢。也就是说，一只猴子小时候如果没有双亲这样的亲密接触或联系的话，它就很有可能感到孤独。

事实可能确实如此，但我认为，这个说法只适用于那些消极的孤独上。

因为我相信，主动选择孤独，并且能够勇敢面对自己的人，他们的精神以及情感都应该处于很稳定的状态。

从这点来讲，卡乔波等科学家提出的逃脱孤独的方法是非常值得参考的。因为它提供了解释“积极的孤独”的方法论。

他们把这个方法论称之为“轻松（EASE）法”。

这里每个首字母代表了不同的含义——E：extend yourself（扩张自我，主动出击）；A：action plan（规划行动）；S：selection（筛选关系）；E：expect the best（期待最好的状况）。

扩张自我世界之后规划具体的行动、为了追求质量而筛选已有关系、最后对此抱有美好期待，这样下来很容易从周围获得良性的反馈。这就是获得与他人优质联结的途径。

我在第五章介绍了获得积极孤独的七个步骤，基本思路与卡乔波的方法是类似的。

没有任何外部联系的个体，试图与外部建立联系的过程，实际上等同于没有与自己心灵联系的个体，试图与自己的心灵建立联系的过程。

孤独的渐变态

经过这一番思考，我们会发现所谓“孤独”也有不同的“度”。也就是说，不同的人感受到孤独的程度不一样。或者说，孤独并不是非黑即白，中间还有许多渐变色。

对此，心理学家诸富祥彦在著作《孤独的达人：深化自我的心理学》中，把孤独分为以下三类。

第一类：非自愿的、不得不从社会中孤立出来的状态，即“非选择性孤独”；

第二类：自愿选择孤独的状态，称为“选择性孤独”；

第三类：一个人在心中默默面对自我的“实存的深度孤独”。

总结下来，《孤独的达人：深化自我的心理学》中提出孤独有三个阶段，从第一类到第三类的转变就是从“消极的孤独”到“积极的孤独”的进化过程。

从选择孤独这个生活形态的角度来讲，这个说法很容易理解。但我总觉得描述孤独可能还需要进行更复杂的思考。

容我举一个极端的例子。

我现在规定一个轴，把孤独放在该轴的中心，让我们探讨一下这个轴两端的状态和情感分别是怎样的。

如果这么假设，那首先可以考虑其中一端的状态是什么。我们先设定在这一端，周围都是能够敞开心扉的人，心灵感到非常充实的状态。

与之相反的，就是比孤独还悲伤的，认为在这个世界中不会受到他人任何关心、想死的心都有的状态。这个设定在另一端。

那么如何用某个词语表示第一端的状态呢？我们先把它称为“连带”如何？在此情况下没有一个人是不受关注的，大家都共享着同样的情感、互帮互助，他们一定都觉得很充实。

但是我觉得用“连带”还不够准确。不知道是不是因为这个词常出现在政治法律领域的缘故，让人以为是为了什么目标才表现出共同奋斗的状态。

我们需要表达那种无私心共享情感的状态，那么也许会是“幸福”“满足”这些词语，但使用这些词会把它解释得太模糊，因此还是聚焦于人与人之间的关系的词语会更好一些。

那么，由于第一端主要在表达所有人都能够互相理解共同感受的状态，所以用“同感（或者是共情）”可能比较合适。准确地说，“同感状态”更为贴切，不过因为我们平时不用这个表达方式，就先不考虑了。

定了第一端之后，我们再考虑另一端可以用什么词表示。我认为用“绝望”来表达比较好。因为绝望是指没有人能够理解你，而且自己也不知道应该怎么办，“离死亡仅一步之遥”的状态。

这样我们可以得出一个结论：孤独是夹在同感和绝望中间的状态。这么定义的话，我们会看到对于孤独的更宽泛的理解——因为它是有幅度的，不是一个极端的状态。

说个题外话，世上还存在表达“似孤独而非孤独”状态的词语，叫“孤高”。它描述了一个人不仅能积极接受独自一人，还不在意任何杂音的一种超然的状态。

从这个意义来说，“孤高”一词跟我所描述的“积极的孤独”很像，但似乎有一种以孤独为傲的意味。实际上翻翻词典就知道，孤高的近义词是“高傲”“傲慢”这些词。

另外还有“高蹈”一词，它是指远离世俗喧嚣、清高独处的状态。

在文学界有“高蹈派”“高蹈主义”之说，这是19世纪在法国兴起的潮流，它以严格遵循形式、表达超脱感情为特征。在日本，森鸥外等作家被归类为高蹈派。《舞姬》中的太田丰太郎也是个典型形象。

无论“孤高”还是“高蹈”，好像都和我所说的“积极的孤独”不大一样。这两个词相对于之前所说的孤独中的“同感”轴端来说是对立的，但它们都不能称作是绝望。所以这两个词还无法在上述的轴中表示出来，可能还需要从其他维度思考。

四象限里的孤独

如果用一张图来表示孤独，以“同感”和“绝望”作为横轴的话，我们可以再建一个纵轴，把“孤高”作为一个极端，放在纵轴的上端。

那么纵轴下端可以放什么词呢？它可以是一种“跟群体在一起，但是一直揣测别人想法”的状态，我们用“依存”怎么样？

从而我们可以用一张图来表示孤独了。横轴表示精神上与他人的联系程度，在这个横轴上把“同感”和“绝望”分别放在左右两端。

然后纵轴表示对别人的依赖程度，把“孤高”和“依存”分别放在上下两端。

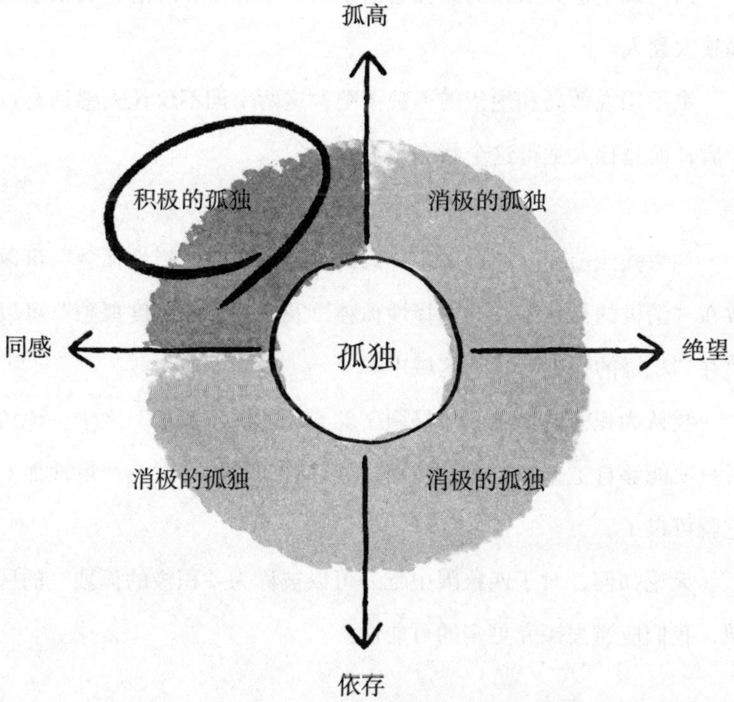
孤高
积极的孤独
消极的孤独
同感
孤独
绝望
消极的孤独
消极的孤独
依存

如果用四个象限来表示，我所说的“积极的孤独”应该是在左上角，也就是被“孤高”和“同感”围起来的区域里面。与之对立的，其他三个象限在某种意义上都属于“消极的孤独”。

因为既绝望又依赖的孤独会给别人带来麻烦，既同感又依赖的孤独太黏人。

更不用说孤高和绝望的孤独了吧，这两个词不仅让人感到有点矛盾，而且让人觉得这个状态很危险。

如果按照前面介绍的诸富祥彦的分类，“非选择性孤独”可以放在“消极的孤独”，“选择性孤独”及“实存的深度孤独”可以放在“积极的孤独”这一区域中。

我认为积极的孤独不用局限于“实存的深度孤独”之中。说白了只要能够自主选择、接受孤独，能够时而轻松、时而严肃地面对它就可以了。

无论如何，对于四象限中唯一可以被称为“积极的孤独”的区域，我们应当去探究更多的可能性。

害怕孤独的人 VS 享受孤独的人

从两部电影中看孤独

有的人悲叹孤独，有的人却乐在其中。为什么人会出现这两种不同的反应呢？

恐怕这都是情感上的问题。如果两者所处的客观环境是相同的，那么拥有不同的感受只能说是情感上的问题。

即使是处在同一个场景，不同的人对孤独的感知程度也各不相同。因此，是否可以得出“在被迫独处的现代社会，只要人们内心不觉得孤独，就能解决孤独所带来的一系列问题”的论断了呢？

换句话来表述，如果人们将独处视为“积极的孤独”而非“消极的孤独”，并能够乐在其中的话，那么一切问题都将迎刃而解了。因此说到底，孤独并不是一个可以客观判断的状态，而是一个情感上的问题。

最近我观赏了两部经典电影，这两部电影让我更加确信孤独本是情感上的问题。

第一部是山田洋次导演的《东京家族》，这部作品是翻拍自小津安二郎导演的名作《东京物语》。

另外一部是尹济均导演的《国际市场》，它在号称“韩国奥斯卡”的大钟奖中得到了极高赞誉。

两部作品有类似之处，它们都描述了家族之间的羁绊，同时都把一家之主的父亲作为影片的主角。虽然同样是支撑家庭的父亲，他们在晚年所表现的心境却让人感受到一种鲜明的对照。

《东京家族》中的父亲想要前往东京投靠孩子，却被孩子们拒绝，因无法实现愿望而感到孤独。孩子们都已各自独立，跟别人家相比算是幸福的了，可父亲并不感到满足。

而《国际市场》中的父亲身处动荡混乱的时代，为了家庭一生不辞劳苦。在父亲晚年，孩子各自独立从不来看望，父亲却为此高兴。因为他心里很自豪，孩子不用过自己早年那样的艰苦生活，有能力追求各自的幸福。

所以，孤独并不是一个可以客观判断的状况，它只是情感上的问题而已。

两位父亲同样都有几个孩子，也同样都不被孩子所重视，但是不同父亲对此感受不同。有人感到孤独、有人不觉得孤独，这是对自己所处状况的认知问题。

按照思想家的理论，这个说法也应该是正确的。

以色列史学家、思想家尤瓦尔·赫拉利指出，所有事物都可以在人类的大脑中想象出来。他在世界畅销书籍《人类简史》中阐述了这一点。

我们的祖先智人之所以能够支配世界，是因为只有人类具有想象虚构事物的能力。

当我们身处类似于电影《黑客帝国》所描述的虚拟世界之中，我们也相信一定能够从中逃离出来回到现实世界。这是因为我们坚信，在某一个地方有客观存在的真正的自我。

但是赫拉利认为那根本不存在。所谓“真正的自我”，也只是存在于受其他某种事物所影响而创造出来的世界之中。因此无论如何，我们只能活在自己大脑所创造出来的世界里。

反过来可以说，我们的世界依附于大脑。我们所生活的世界是根据你如何描绘这个世界而变化的——虽然这个说法听起来像平行世界理论那样荒谬。

兼好法师：一人独处最好

日本人似乎自古就理解所谓的活在两种世界里的感受。出家逃离世俗，也许就是如此。

所有日本人在学校都学过《徒然草》，当我们阅读这本古典时能够察觉到这一点。

出家之后的兼好法师[1]一直以孤独的观点阐释世间无常。在此过程中他并没有感到寂寞，恰恰相反，他因能够脱离世俗直至达观的境界而欢喜。

他甚至把自己当时的状态当作是一种特权阶级的享受。

我们可以从《徒然草》（第 75 段）中直接读出当时的情感。

闲寂零落的人，是何样心虚呢？心不烦乱、一人独处最好。

随世逐流，心易被外界尘境所夺而惑乱。同人交际，言语措辞随对方好恶，全然失去了本心。同人戏言，同人争论，有时恨起，有时喜生，心怎得安定。过度掂量思虑俗世俗事，就会时时计较利害得失。因迷惑而醉酒，在醉中圆梦。东颠西走忙忙奔奔，惶惶忽忽忘了自我，人皆如此[2]。

1　兼好法师：即《徒然草》作者吉田兼好。

2　摘自李均洋译《方丈记·徒然草》（河北教育出版社）。

我们用更直白的话解读一下：

我不知道人为何要为无聊所苦。不要用心于外物，最好的办法，是一个人独处；一旦把心放在世俗，就免不了被它迷惑，失去自主。比如和人交谈，总想博得别人的好感，就做不到言为心声了。又不免有和人嬉闹的时候，有和人争执的时候，以至于喜怒不定、妄念丛生，得失之心就再难放下。

在此，兼好法师将自身实践的徒然态度和世俗多数人所过的平凡生活进行了对比，强调自己选择的正确性。只要徒然面对生活，就不会感到任何痛苦。

不仅限于《徒然草》，日本许多典故中都宣扬脱离世俗的生活方式，可能正是出于这个原因，日本人对这种生活的向往之情根深蒂固。

所以只要你能够切换心态，即使活在现实之中，也能够做到仿佛活在另一个世界中那样享受生活。人的一生是否孤独，就取决于这个人的心态。

更进一步说，孤独的好坏取决于你对它的定义。你把它定义为有益还是有害，孤独会发生 180° 的转变——即便二者所处的客观现实完全相同。

在两种时间中穿梭

积极的孤独不是“孤立”，并不要求你脱离世俗，也不必拥有超然的心态。它允许你时不时与人来往。

而且，与人来往这件事和孤独并不矛盾。

有人觉得自己朋友很多，不可能感到孤独；还有人会觉得，明明跟朋友愉快相处、却宣称自己孤独的人令人费解。但就像我们在上文分析过的，即使朋友再多也会出现无人理解、为孤独所苦的情况，这样的例子不胜枚举。

同样的，即使跟朋友相处融洽，能够以心传心、互相理解，这样的情况下你也可以拥有孤独，这是不矛盾的。

但此时的孤独绝不是消极的孤独，而是积极的孤独。积极的孤独是指自愿选择孤独的状态，它是故意让自己的心灵独立出去，从而能够集中于自我的状态。

这种状态不会永久地持续下去，也不会无止境地深陷其中。它是通过控制自我来达到的，所以你可以想什么时候孤独就什么时候孤独。从这点来说，也许和有意识地把自我和周围世界隔离开来的“冥想”非常相近。

为什么需要这样做呢？因为只有通过这样的方式才可以集中于一件事情，或者让自己的心灵沉静下来。

你可以拥有圆满的人际关系，也可以在自己想要的时候建立孤独的状态——这两个看似矛盾的事情，其实是可以达到共存的。

也许有人会反驳我："这并不是孤独。"那么我会问他，为什么不能称为孤独呢？

人们向来对我所称之"积极的孤独"的状态视而不见、充耳不闻，恐怕这才是孤独问题存在的根源。

"世上不存在完全的孤独！"日本芥川奖获奖作家田中慎弥在《孤独论：逃避也要活下去》中写道。在无数个圈子重合存在的现代社会中，我们根本不可能实现完全的孤独。当然这句话绝非否定的意思。

田中先生本人也坦白，他曾经有过在两种时间自由穿梭的经历：一种是一个人蜗居自己房间的时间，另一种是在房间外与母亲交谈的时间。

就像这样，许多人都会"不断地在两种时间内穿梭"。积极的孤独可以说就是这两种时间中的一种，我们可以任意地选择孤独的时间。

当然我们既然说是孤独的，那么当你有意地与周围隔绝，选择孤独的环境时，这期间可能谁也不会帮助你、没有人理解你。

从这个意义来说，这的确是一个孤独的状态，甚至可以形容为痛苦。但这又何尝不是孤独的魅力之处呢？我们从这个状态可以领悟“归根结底自己只是一个人”，所以需要“通过自己的力量做点什么”。只要不忘却这样的领悟，它就会让你更坚强，也更能够享受人生的光彩。

孤独和哲学的亲和性

哲学比写小说更孤独

我想在本节强调，哲学和孤独本来就有很高的亲和性。因为这才是作为哲学家的我写下本书最重要的意义。很多描写孤独的书籍，都是作家特别是小说家的作品。为什么呢？因为写作就是一个孤独的过程，所以孤独和写小说有很高的亲和性。

以前我也出版过小说，因此能够理解，在自己脑海中创造虚构世界的过程，就是一个和自己无止境交战的过程。这个过程中谁也帮不了我。因为小说本来就是虚构的，它要求让一个根本不存在的世界看起来真实存在。当然这个世界只有自己才能感受到，而且在尚未成形的时候当然也不会有人理解你的情感。倒不如说连自己也把握不住脑海中创造出来的世界会是什么样。大概在这样的一个世界，有这样那样的人，发生了种种有趣的故事——这些事情时常浮现在脑海、又会慢慢消失。

写成文章之后可以与人讨论这个故事如何如何，而写作的过程无疑只能孤身奋战。创作之时很少人能极有自信地坚信作品会赢得好评。在脑海中构造这种未知的、不确定的世界，并且用语言来表达出来——这个过程中你会有种感受，无论有没有人欣赏这个作品，身为作者此时能将所思所想用语言表达出来，已无比满足了。

我曾经写小说的时候有过这样的感受，所以非常理解写小说和孤独之间的亲和性。

但我认为哲学和孤独的亲和性比写小说还要高。

首先，从哲学需要展示崭新的世界观这一点来讲，跟小说有所类似。因为哲学就是看穿事情本质，把它用新的语言来表述的一个过程。在此基础上，哲学注定需要怀疑常识和既有知识，因此哲学家则不得不走上孤独的道路。

古希腊的哲学之父苏格拉底最终以接受死刑结束生命，正是上述的说法的象征性事例。即使无法被周围所接受，哲学家也不得不进行思考，否则哲学就不是哲学了。

其实在日本社会也是如此。因为一旦发表了与众不同的意见，很容易突然陷入四面楚歌的情形。“对啊！”“说得好！”表达肯定的时候气氛非常融洽；一旦说一句“不对”“但是”，就可能会被贴上“烦人精”的标签。所以我很明白，需要常常表达反对意见的哲学这门学问为什么在日本流行不起来。

不过日本社会似乎也有所醒悟，社会需要能够怀疑和反对的人。幸亏大家意识到这一点，哲学才得以细水长流地存在于日本社会之中——“虽然它是一个孤独的过程，但有一些奇怪的人愿意做，就放任他们做吧。”

之所以说哲学比写小说更孤独，是因为哲学的探索过程，并不能保证它可以用语言的形式表达出来。小说需要考虑写在纸上的语言能否构成一则故事，或者能否让人产生共鸣，更重要的是它基于一个大前提：小说必须以语言的形式表达出来。

哲学就不存在这个大前提。如果真的能用语言表达出一种哲学思想，就算是非常成功的了。很多时候脑中所进行的场场艰难的思想斗争，最终都无法以语言的形式开花结果。大家所熟知的那些历史上的著名哲学家，则是极少数的成功人士。

我们所认识的职业哲学家，他们把哲学思考作为职业对待，所以相比其他哲学家而言，他们擅长用语言表达。但是其中也不乏有一些人，说出来的话连哲学都谈不上，他们只是做了一些分析，把分析结果称之为哲学而已。

真正的哲学是彻底地纠结思考的过程，也是用语言的形式把结果表述出来的行为。从这个意义来讲，谁都能进行哲学思考，而且日常生活中也几乎时刻在进行。即便如此，多数人只是把这番激烈的思考停留在大脑里，没有把结果用语言表达出来。

我说哲学和孤独的亲和性非常高，正因为如此。

探讨孤独时，我们不再孤独

但是，我们并不能因此而放弃哲学思考。正相反，通过哲学思考，我们所处的孤独时间的质量会更上一层楼。哲学探索的过程确实会让你感到孤独，但这也可以提升对孤独概念的理解。

我们知道如何消磨一个人的时间，但是我敢肯定的是，没有比哲学思考更能够让这个时间变得更有意义的了。用一句话概括，它能够让你以最纯粹的状态面对自我。

我认为独处时间的价值，在于能否充分利用这个时间来面对自我。如果有他人存在，难免会分散精神，很难平静面对自我。

大家或许有过这样的体验，与朋友嬉闹结束恢复一个人之后，突然会产生寂静冷清的感觉，或者突然回过神来，感觉“原来我很寂寞”“刚才浪费了大把时间”……但此时的状态大多是筋疲力尽、醉醺醺的——这样的状态下根本无法认真面对自我。

用哲学探索这一孤独的过程，能给予足够多的时间让你彻底地面对自我。用自己的语言思考：我到底在思考什么。哲学思考的过程，不管把什么事物作为思考对象，都能提供足够多地面对自我的宝贵时间。

有趣的是，本应让你彻底孤独的哲学探索，这个过程其实也改变了孤独本身的意义。当你实践后就会发现，越用哲学的方式思考

孤独问题，就越能够理解面对自我的重大意义，从而能够积极地面对孤独。那些沉迷于哲学无法自拔的人，很有可能是体验过这一番感受的，毕竟我就是如此。

换句话说，通过哲学可以改变一个人对孤独的既有偏见，从消极的孤独变成积极的孤独，孤独绝不是单一的概念，它归根结底是人的情绪，表达起来很复杂，也是理所当然的。

那么，我所推崇的“积极的孤独”，到底有什么好处呢？

第三章

悲喜自渡

积极孤独的 7 大功效

只有体验过孤独，

才能感受到真正的心灵宁静。

积极孤独的效用①：关注自我

我们需要一个人的时间

每当我介绍“积极的孤独”时，总有人质疑。有人说快乐的人生应该建立在与人保持联系的前提下；也有人说，所谓的向往孤独只是那些没有朋友的人的借口罢了。可事实果真如此吗？

我承认，有些时候亲友成群确实能够让人快乐，我也会时常参加一些酒会、唱卡拉 OK。但是这些时间仅仅停留在消遣娱乐的程度上，肯定不会成为主要目的。

之所以跟大家玩耍喧闹，是为了寻求一种解放。认真做自己的事情时难免感到疲惫，感到疲惫就需要把它释放出来。集中于一件事情需要花费很多心思，为了放松紧张感就会与人联系。

这时我没有把心思集中在自己身上，也没有集中在朋友身上，而只是融于当时的氛围环境里。我们所谓的磨合感情，或促膝谈心，归根结底是这样的吧。这时是把自己相对化了，它是一个与关注自我相反的状态。

日本有一位名叫河野哲也的哲学家，他一直在努力普及哲学对话论。他曾出版过这样一本书，标题非常吸引人：《人在口若悬河的时候，其实什么都没想——对话与思考的哲学》。是不是听起来还挺有道理呢？那些能言善辩的人看到这个标题会吓出冷汗吧。

我自己也是如此。滔滔不绝发言的时候，很多情况要么是单纯地描述自己过去的经历，要么只是连接了当时脑中浮现出来的几个单词。谈话结束之后回顾自己说了什么东西时，我常常感到担忧。然后才会认真思考，当时我的表达方式是否适合，我到底想传达什么意思。因此，这也是有必要创造一个人的时间来思考的原因。

更何况与人嬉闹的时候，在这个场景里不存在真正的自己，这时自己只是群体中的一员而已。

看见平时看不见的东西

诸富祥彦主张“没有一个人的时间则失去自己的中心”。丹麦哲学家索伦·克尔凯郭尔也提倡“他人联系中的自我论”，即“自我”是一种在与周围的联系中不断观察自己而生成的概念。

我也同意这个观点。克尔凯郭尔是一位主张“我们每个人需要用自己的力量去开拓人生”的存在主义哲学家。他一生历经苦难，为自己的出身秘密而烦恼，兄弟英年早逝，被爱人抛弃……即使受尽了人际关系的种种苦难，他也没有放弃思考探索生存的道路。

他领悟到，即使被命运玩弄，也要千方百计探索生存之路——这就是我们人类的意志。

为此我们需要时时刻刻思考：自己处于什么样的状态，以及将来想活成什么样子。不然则会被命运及周围环境所吞没，迷失自我。此时最需要的就是孤独。它是可以让一个人认真面对自我的时间。

不，不仅仅是时间。为了达到孤独，还需要足够的空间，还要进入特殊的精神状态。即使空间里独自一人，你的精神无法集中也没有意义。

如果你能够像这样做好准备关注自我，那么说你的人生会发生180°大转变也不为过。因为通过这一番经历，你会察觉到很多的东西——平日里忙于向前奔跑而忽视的，那些埋没在人群中的，平时看不见的东西。

在哲学中，像这样站在客观角度观察自己的行为称为“反思”。它比我们常用的在失败后反省自己的那个反省意义更广，英语可以用“Reflection”来表达，有“映像、反映”的意思。也就是说，哲学中的反思是指把事物或想法反映到自己的心灵以后，再寻求其意义的过程。

不然很多事物或者想法会直接绕过我们的心灵，只以“某人说过的话”的类似形式被接收，最终左耳进右耳出。

说到这里，各位读者理解关注自我有多么重要了吗？

积极孤独的效用②：看清本质

别成为资本的牺牲品

接下来我们谈一下关注自我之后能看到什么，以及有什么样的好处。

首先能看到事物的本质，也可以说能理解世界的本质。很无奈，现在很多事物的本质都被隐瞒着，不为人知。我们平时看见的东西，是非常表象且虚饰的。为什么要虚饰呢？因为我们人类都有欲望。人类会被欲望蒙蔽双眼，无法清楚地看到一个事物的本质。

可恶的是许多人利用人类这样的特质，故意将戴着虚假面纱的事物展示给我们。买卖交易就是典型的例子。商家会使用诸多华丽辞藻进行宣传，会举办令人心跳的活动。即使你不需要，也时常会被他们所诱导，掏钱买下本来不打算买的商品。很多时候，这正是我们没有看清本质所导致的。

信息也是如此。

我们每天被时间追赶，现在越来越多的年轻人以太忙为借口不读书籍报纸，取而代之的只是简单浏览网络新闻标题——这使我们置身于真假难辨的网络海洋。如果我们就这样不求改变的话，只能一直生活在被人掌控和被动受骗的日常中。

世上有很多整天想着坑蒙拐骗的坏人。虽然说得有点过，但是恍恍惚惚过日子容易上当受骗、饱受损失，这是肯定的。因为每个店家都想获得更高利润，想方设法令客户用更高的价钱购买他们的商品或服务，这种想法其实就是资本主义的构成元素。

如果不对这些现象仔细调查，一个人很容易沦为资本主义的牺牲品。

反之，假如你能看清世界的本质，那么你就会从中受益。赚到钱的人不会总是跟别人待在一起，他们一定会抽出一些时间来，一个人冷静地观察社会动向。

投资家可谓是上述的典型。当然他们也有自己交换信息的圈子，不过他们仅将信息作为参考。他们非常重视一个人的时间，在这段时间里深思熟虑，到底什么信息是正确的。

如果你想成为有钱人，那么一定不要被时间所追赶；反之，应该把时间紧紧握在自己的手里，拥有自己的孤独时间。

慢下来，欢度时光

被时间追赶的时候，我们处在什么样的状况呢？

工作堆积成山无法完成，或者客人突然来访久久不主动离开，大概就是这样的状况吧。也就是说，被时间追赶等同于被人或事夺走了你的时间。而且我们做任何事都需要思考判断的时间，如果大部分时间被他人夺走的话，无疑最终可能连一件事情都做不好。

哲学家常常以“时间”为主题思考问题，这也许是因为他们经常被人打扰，察觉到时间容易被夺取吧。比如法国哲学家亨利·柏格森的“绵延”理论，正是基于自我和时间一体存在的观点进行论述的。

如果把时间理解为绵延，那么它就不是存在于外侧的，而是从个体内侧产生、被个体直接观测到的。可以说它是心中的时间，我们也不能把它进行分割。

换句话说，虽然时间中的每一个瞬间都是独立存在的，但是我们在自己的心中进行了编制，将其中的一部分在我们眼前放映出来，让人觉得它仿佛是完整的。

这听起来非常意外，不过我们集中于一件事情的时候确实会忘记时间的存在，从这个角度来看柏格森的想法也许并没有错。

出于这个原因，我认为讨论积极的孤独就相当于讨论孤独的时间。也就是说，“没有自己的时间”等同于“没有一个人独自思考的时间”，也就不能放飞自我地活下去。如果没有自己的时间，你想成功也得不到，想赚钱也赚不到。

当然，看清世界本质的目的和好处，绝不仅限于成功和赚钱。它带来的最大的好处应该是能度过快乐的时光。因为人生是不断选择的过程，如果你能够看清世界的本质，那么每次选择都可以选自己认为最好的。可惜大多数人做不到这一点，只能苦于生活，吞声忍泪。

积极孤独的效用③：发展个性

真正的个人主义＝开放的社群主义

接下来我们将在此延长线上找到人生的意义。换句话说，我们如何活下去？

从日常生活的角度，我们已经理解了腾出关注自我的时间有多么重要，因此每个人都会拥有孤独的时间。

如果确实能做到如此，日本的文化也会随之发生巨大的改变。如今这种“每个人都要做同样的事情，持相同意见，迎合别人”的文化会逐渐消失，取而代之的是真正的个人主义的确立。

说到这里，有人会质疑：“像美国那种个人主义的社会，才是最理想的吗？”这里存在两个误解：

一是美国并不是真正的个人主义。当今所谓美国的个人主义，只不过是利己主义罢了。大家只想着把自己的利益最大化，这个是事实。

我曾在美国生活了一年，对此深有体会。2011 年我报名了任教机构的对外研究课程，很幸运获得了赴美研究一年的机会。当时的美国是我所关心的政治哲学的大国。在此期间，相比研究所得到的成果，对我产生最大影响的其实是在日常生活中接触到的，美国普通民众的哲学。

比如当家里因为飓风停电了，美国人会想只要把自己家里的发电机修好就可以了，没有必要关心隔壁家怎么样，美国民众普遍有这样的想法。记得当时我迫不得已只能前往宾馆避难。我知道他们心中没有恶意，但他们大多信奉“个人至上”，在美国社会不付钱基本不会得到什么帮助。

相比之下，我说的“真正的个人主义”，是指不仅关心自己，还能够把他人考虑其中，并且不会随波逐流，能够进行自我判断的一种信念。

另外一个误解，也许跟上述误解有点联系，我想说真正的个人主义也等同于开放的社群主义。

毫无疑问日本是一个重视社群的国家。我们知道社群有种种好处，比如能够互帮互助，获得一体感等等。但是它在另一方面也严重拖了国家和个人的后腿。

20世纪的著名评论家加藤周一，以倡导个人主义而闻名。他的著作《一个人就可以：加藤周一的遗训》中有这样一段话：

不内包个人主义的民主主义，容易陷入集团主义之中。所以知识分子需要倡导个人主义。

现在不少的上班族拼命工作甚至“过劳死”，正反映了社群主义的弊端。所以我们应该把这种社群主义开放化。

为了达到这一步，就需要那些能指出错误的人，或者培育一层土壤，在此土壤中一个人的自由和判断可以被众人接受。有这种土壤的社群才称得上是开放的社群，同时将焦点放在每个人的身上的话，可以说是真正的个人主义了。

重视个性

在实现真正的个人主义的社会里，我们就能够自然地选择自己想走的道路。

像当今社会人人选择同样的人生道路，在同一个时期往大公司人头攒动报名求职的景象，届时就将不复存在了吧；入职后一心在同一家公司干到退休，然后默默无闻度过晚年的人，应该也会越来越少。

不知幸或不幸，日本社会也渐渐成熟，社会结构开始发生改变。很多企业已维持不了终身雇佣制度，人才的流动性日益增高。应届生选拔渐渐向通年录用改变[1]，跳槽也变得毫不稀奇。这样的背景下，大家也不可能都走同一条道路。

反过来说，如果一个人无法发挥自己的个性，也将很难找到合适的工作。在这个时代，一个人的个性会越来越被重视。

那么，该如何磨炼个性呢？我们只能通过自我分析，在此基础上发挥自己的特长凸显与众不同之处。为了做到这样的自我分析，我们还是需要抓住面对自我的时间。

过去，大多数人一生中也许只在大学四年级的其中半年考虑考研还是求职时，才会思考如何走接下来的道路。然后直至退休才会考虑将如何度过第二个人生。如果是在曾经的日本，这样规划并不是什么大问题。因为有丰厚的养老金保障养老生活，老后也不需要背负众人的期望。但是接下来的时代，我们不能再这么慢悠悠了，应当从年轻时开始思考这些问题。

这么想来，为了迎合他人所花掉的时间，是不是就太浪费了？

---

1 日本公司的招聘面试日程由日本经济团体联合会（简称经团联）规定，并且大约有 1600 家会员企业需要遵守。这些企业需做出诸如“3 月开始说明会”“6 月开始采用面试等选拔活动”的招聘计划，在日本把此现象称为“新卒一括采用”。然而经团联在 2018 年宣布，2021 年起废除该规定。

积极孤独的效用④：找到兴趣点

不过度追求理想

如果一个人能够确定人生方向，他就可以找到自己要做的事情，这就像人生的重大任务一般，亦可称作目标。正是这些任务和目标让你的人生丰富而充实。

当然这并不意味着没有伟大日标的人生就没有趣味，说实话，这样的偏执想法才是最无趣的。

人生就像法式千层酥，是一片片理想与现实相互叠加的复杂空间。我们有时会为理想奋不顾身，有时则在现实中脚踏实地。我想各位读者也是如此，该追求理想的时候就追求理想，该活在现实时就活在现实。

最忌讳的事情是该活在现实的时候追求理想。那份热切的心情我理解，但这绝不是一个明智的选择。你明明知道某样东西再怎么伸手也抓不到，却仍然固执地想要得到它，这往往会以徒劳告终。然而当你放慢脚步和心态之后，久而久之也许会发现这个东西就在眼前，这时候你把它牢牢抓住就可以。

其实这正是古罗马哲学家爱比克泰德所提倡的理论。

爱比克泰德在《爱比克泰德语录》中写道：“不要把欲望的目光投到远方，等它来到你眼前吧。”

这段话出现的背景是这样的。当时宴会中人们会围着一张大桌子吃饭，饭菜在盘上转动，大家轮着吃（类似中餐的圆桌转盘）。不管有多么想吃对面的菜肴，在它到来之前只能等待。因此没有必要为吃不到美味而苦恼，等到它出现在眼前时，你只要及时伸出手就能如愿以偿了。

爱比克泰德是一位奴隶家庭出身的哲学家。当时那个不管怎样努力都无法跨越阶层的时代，也许正是奴隶出身让他的思想达到了这样的境界。

不过我并不反对追求幸福，也不是说幸福不可企及。我想告诉大家，当我们不再过度追求理想的时候才会感到幸福。

爱比克泰德强调我们要看淡能力范围之外的东西，这样才能让内心安静下来。

在这里，“能力范围之外的东西”指不管自己怎样努力也无法改变或无法得到的东西，就像餐桌对面的菜肴一样。

我们的人生是否已被能力范围外的东西填满了呢？道理很清楚，但人们总是按捺不住想伸手，并为此痛苦不堪、怨天尤人。

不错失良机

说到底最重要的是，要时时刻刻清楚地知道自己要做什么。上文写道，在应该专注现实的时候追求理想，是很不明智的事情。相反的，在应该追求理想的时候举棋不定，也是一种机会损失。

机会都有合适的时机，所以我们需要认真面对自我，判断什么时候才是最好的时机。

如果无法抓住这样的机会，不仅对个人，对社会也会造成损失。因为在某种意义上，接受孤独也就意味着接受了世界的全部。

即使拥有改变世界的能力，一旦错失良机也会一无所成。所以为了抓住机会，人总要拥有一段能让自己孤独的时间，哪怕这段时间很短暂。

日本艺术家冈本太郎在著作《请让自己拥有孤独》中写道："一个人越孤独就越能思考人类整体的命运，并且我们思考人类命运的时候突然会孤独起来。"他选择了孤独并一生投身于艺术。在他的这一生中（包括在巴黎的十几年），时刻都在背负着孤独世界赋予的使命。

不过我个人认为，尤其在当今时代，我们可以选择享受每一天的生活方式。我把它定义为“今日快乐主义”，我曾向众多人推荐过。这是人生百年时代背景下的一个很理想的生活方式。

进入成熟阶段的日本社会并不需要什么政治革命。人们看重的，是在这种和平时代中，如何让每个人的人生过得更充实。但让人遗憾的是，世上有太多人因为没能腾出孤独思考的时间，连这个简单的道理都没有看清楚，而在人生之路上徘徊！

积极孤独的效用⑤：收获幸福

幸福是心的充实

孤独能够带来幸福。准确地说，积极的孤独能够带来幸福。

我在开篇引用了叔本华《人生的智慧》中的话。像叔本华这样向往“宁静惬意、淡泊名利”生活方式的人，是能够从孤独中感受到幸福的。

叔本华一生未婚。但若有人因此说他是不幸的，那一定是一种偏见。

世上也有一些人，他们跟家人在一起时犹如身处地狱。当然大多数人的境遇没有这么极端。“结婚成家才能幸福”的思想，无疑是被社会强迫灌输的观念。现在有很多人一辈子不结婚也活得很快乐，成家的人还会羡慕其自由自在的样子。

只要排除偏见，我们就能理解孤独一人并不等于这个人不幸福。但这也并不意味着幸福就等于孤独一人，因为世上还是有很多幸福的家庭和情侣。其实从幸福角度来讲，重要的不在于人数，而是心灵的充实。

众多幸福论讲的基本上都是同一件事情。

古希腊的幸福观认为，幸福就是各种德性与外在善的集合体，即需要冷静思考的时间。

在之后的希腊化时代，伊壁鸠鲁学派主张灵魂无纷扰，斯多葛学派主张淡然无欲。它们都意味着心境平稳，只是实现方式不一样，前者注重追求快乐，后者则注重禁欲生活。但是归根结底此时的心灵状态是一致的。

近现代的幸福论也是诉求心灵的充实，被称为“三大幸福论”的希尔逖幸福论、阿兰幸福论、罗素幸福论都是如此，只是内容各有千秋。

在日本，很明显越来越多的人开始追求内心的充实，典型表现就是“禅”思想的兴起。坐禅冥想所追求的正是这样的境界。

如果说幸福就是这种心平气和所带来的充实感，那么我们可以确信，积极的孤独能够给人带来充实感和幸福。

我甚至认为，只有体验过孤独，才能感受到真正的心灵宁静。因为通过与人相处所得到的充实感，并不一定能使心情沉静下来。

也许有人说跟爱人在一起会很放松，我同意。但是在更多情况下，爱人的陪伴应该会加速你的心脏跳动。有人说跟家人一起会很悠闲，我也同意。但是严密地讲，此时你的关注点不在自己身上，而是在家人身上。也就是说，你此时会因为在意他人的存在而无法集中于自我，这不是真正意义上的心灵宁静。

所以，为了得到真正的幸福，我们有必要“孤独”起来。哪怕是一段短暂的时间，只要把感受到的幸福持续下去就可以了。

积极孤独的效用⑥：潇洒从容

独行的魅力

此前写道，我们要把孤独转化为积极向上的力量，这是因为我想改变很多人对孤独抱有的负面观念。孤独不是“寂寞”，也绝不是“不优雅”。

我在独处的时候，常常会被周围人嘲笑，可我从来不会在意这些声音。我内心会觉得遗憾，许多年轻人因为对孤独的偏见，会把好不容易创造出的珍贵的孤独时间白白浪费掉。所以我想告诉大家“孤独也是一种潇洒”，改变大家心里既有的负面印象。

所幸，世上有很多形象都佐证了这一点。

比如“硬汉”，这个词的英文是 Hardboiled，本意指鸡蛋被煮熟的状态，用来形容那些不为人所迫、不随波逐流、坚忍不拔的人。在小说和电影中经常出现这个词，代表主人公的独特形象。

其中，最典型的就是宫崎骏的经典作品《红猪》里的主人公罗梭。他的外表虽然是一只猪，但他有着冷酷坚强的性格，看起来非常帅。他曾经是个人类，后来受魔法诅咒变成了猪的样子。

最让我感到有趣的一点是，即使是猪，也可以是一只特立独行、潇洒炫酷的硬汉猪。为什么硬汉看起来很帅呢？因为他很孤独。

主人公罗梭由于过去背负了许多使命，后来一贯坚持不与别人过度来往，也不会爱上特定的人。

这必然使他无比孤独，但我们还是无法抵抗他的魅力。

罗梭知道，只要敞开心扉，很多人会靠近他，但他绝不会这么做。就是这种自愿走上孤独之路的决绝之心让人心动不已吧——因为大家都不敢做到这一步。

对，正是因为选择孤独不是一件简单的事，才让人感到潇洒。

假如我们身边有一个人，在所有人都准备参加聚餐的时候，唯独他一人因事缺席，我们也会觉得他有点酷吧。

此时大多数人是因为抵不住诱惑或感到寂寞而追随大众。但是硬汉绝不会这么做，这才使他看起来很特别。

生得凛然

谈吐也是如此。

“凛然”是我最喜欢的词语之一。它表达出孤独的状态，同时还含有美丽或壮丽的意思。“凛”本来是表示寒冷到刺骨的使人清醒的程度，后来延伸到形容一个人严肃、令人敬畏的样子。

从而，凛然指态度高冷使人敬畏，它不包含任何的贬义。反之如果形容一名女性的话，甚至还包含着美丽动人的意思。

正逢此时，我在伊集院静的著作《独走人生：大人的作风》中看到下面一段话，不禁拍案叫绝：

当你一个人环顾周围，脑海浮现“他们的生活方式很好”“如果我那样生活的话……”的念头时，此时的你在别人的眼中，就是自由自在、风姿凛然的。

一个人孤独地度过人生，无疑是凛然的。不管别人说什么、世界如何改变，我只做我自己。这样的态度令人感到坚韧而美丽。

用现在的词来表达，也许“酷”比较合适，但或许显得有点轻浮。

每个人——包括那些看起来冷酷的人——都有影子，也就是不愿意暴露人前的一面。可我们还是莫名地会被他们所吸引。因为他们不会群集，这种冷酷的形象看起来很潇洒。

孤独所以坚强

为什么每个时代的黑暗英雄都会如同主人公一般广受好评呢？

比如文学作品中的堂吉诃德、动画《机动战士高达》中的赤色彗星夏亚·阿兹纳布尔、电影《星球大战》中的达斯·维达等，他们都是黑暗英雄。

他们都不负“黑暗”之名，背负着惨痛的过去，心中一片漆黑。

对，他们或多或少都是孤独的。但也正因为这样的孤独，他们才能够发挥自己的强处并最终实现成功。

我们喜爱关注正派英雄阳光的样子，可世界并不都被光彩所笼罩。因为有黑暗，所以光芒才更耀眼，两者是共存的。阴阳思想正是分析这个现象的产物。

因此，不是只有放飞自我、纵情享受的热闹人生才美好。可以说，看似寂寞实则凛然的样子，正体现了人生的壮丽吧。

积极孤独的效用⑦：培育天才

最后再举一个积极孤独的效用：孤独中产生天才。

之前列举了许多孤独的效用，谈到这里也许读者会觉很突兀，不过事实真的如此。

不管老师还是家长，一定都认为小孩子与朋友一起玩耍才是快乐的。我承认的确如此，不过为了培养天才，孤独不可或缺。

作家熊谷高幸在《天才的孤独少年期——从达·芬奇到乔布斯》中介绍了从达·芬奇到乔布斯等历史上众多天才都曾度过孤独少年期的经历。

为什么他们能通过孤独变成天才呢?

作者解释道，人在孤独中可以形成“另外一个自我”，从而可以客观地分析自己。

天才通过面对自我来确立自己的想法。他们不依赖别人，而是通过自己的力量寻找问题的解决方法。

当然天才不是仅仅靠孤独造就的，还需要很高的认知能力及思考能力。不过我们有必要对孤独这个重要因素仔细分析一下。

大家都听过“天才总是孤独的”。

因为天才常常有着与众不同的想法，所以很难得到他人的理解。那么，当天才们不被理解的时候，他们是怎么想的呢？

想融入一个圈子却不被理睬，这种感觉应该很痛苦。不过天才根本不渴望融入什么圈子，他们甚至会因为自己的异乎寻常而产生一种优越感。

当然了，我不是天才，无法断言天才们的想法。不过我知道的是，当我使用一种前无古人的思考方式成功解决了一道难题、研究出一个重大发现的时候，我的内心的确会产生一种优越感。

所以，伴随天才的孤独绝对不是那种消极的孤独，而是我所提倡的“积极的孤独”。

不管怎样，天才和孤独一定具有相关性。

虽然无法保证孤独一定会使你成为天才，但如果你形成这种习惯，学会腾出孤独时间来面对自我，并用自己的力量寻找解决方法的话，这样的你一定比过去的你更聪明。

与遇到疑问就上网搜答案、一味寻求别人的智慧和帮助相比，肯定是一个人坐下来认真思考更能锻炼脑子。

我想，决定你能否成为聪明人的因素，不应该是头脑的好坏，而是有没有保障一些思考的时间，即孤独的时间。

第四章

与孤独者对话

15 位哲学家的人生智慧

正因为他们对孤独研精覃思过，
他们对孤独的看法才更加深刻。

积极孤独的伟人

我想再次强调，我们要把消极的孤独转化为积极的孤独。

那些苦于消极孤独的人常常抵触孤独，一心渴望亲友的陪伴，曾经的我就是这样的。但是你绝不应该停留在这个层次，你需要超越那种孤独状态，进入一个更高的境界。

在介绍如何实现这种跨越前，我将先简单介绍古往今来的诸多哲学家对待孤独的看法，看他们是如何与孤独相处的。

我们不妨借着他们的智慧之言，思考如何获得积极的孤独。

哲学本来就是孤独的，当然，此时的孤独是一种积极形态。可以说，一流哲学家都是擅长积极孤独的达人。

正因为他们对孤独研精覃思过，他们对孤独的看法才更加深刻。通过学习他们的言论，与历史伟人对话，我们对孤独会有更深入的思考。很多人自愿选择孤独，其中不乏叔本华、尼采、霍弗等大家耳熟能详的伟人。他们是如何从孤独的生活中提炼力量的？参考他们的孤独观以及生活方式，走入奇妙的孤独世界吧。

三木清：超越孤独的消极面

孤独不在深山，而在大街；不在单独的个人，而在众人中间。孤独存于“间隙”中，是一种“空间”的存在。“真空恐惧”不见于物质，而在人类世界。

——《人生论笔记》

三木清

（1897—1945）

日本哲学家。他用独特的观点发展存在主义哲学，还对日本普及马克思主义做出了贡献。因留宿反对战争的共产党员朋友而被以侵犯《治安维持法》为由逮捕，最后在狱中死去。著作有《人生论笔记》《历史哲学》等。

这短短几句话，把孤独的本质阐述得淋漓尽致！

首先他表明孤独并不在深山里面，而是在大街上。告诉我们孤独是在大街这种嘈杂的环境里才会感受到的情感。

因为只有意识到自己与眼前来来往往的人群并没有丝毫联系的时候，我们才会感受到自己是一个人。如果眼前没有任何人，我们就不会去刻意思考与别人的联系，所以他说孤独不在深山之中。

明明眼前有一个人，我和他却有距离，即众多人群的“中间”——三木清把这个距离描述为一种空间上的距离，但我想它也有心灵距离的含义。

的确，我们有时明明和别人在一起，却感受到距离感的存在。即使和别人喧闹，也会感受到一种仿佛独自一人被困在真空空间中的恐怖。令人感到这种恐怖的，应该不是物质，而是人与人之间的关系吧。

但是三木清并没有把孤独当成一种只带来恐怖情感的事物，他主张，人们可以通过自己的行为超越孤独的消极一面。

我们在画画或者写文章的时候，其实都是在做输出或者表达。这期间我们会将注意力和视线完全转移到眼前的作品里，集中意识专心创作。

这在工作中也时常发生，比如我们会在忽然浮现出一个好主意之后忘我地制定方案，这每一个瞬间也有和上述类似的体会。

即使是一个人，一旦我们集中于某件事物，并用语言或作品的形式把自己的内心投影出来，这个过程里我们对孤独所持有的恐怖情绪就会烟消云散。此时一定不想被任何人打扰，反而觉得一个人的时间无比愉悦。

霍弗：孤独是创造力的源泉

在人群之中生活而又感到孤独，这才是营造创造力的最佳条件。此条件只在城市中存在，而不存在于农村小镇之中。构成创造力的要素是“规律、无刺激以及一点点的无聊感和厌烦感”。多数情况下，创造的原动力是针对那些微小又持续产生的烦躁心理的较为温和的反抗情绪。

——《码头日记》

埃里克·霍弗

（1902—1983）

美国哲学家，长年在码头从事搬运工作，又被称为“码头工人哲学家”。他一贯批判知识分子，推崇劳动意义。著作有《狂热分子》《激情心灵状态》等。

我想，没有比埃里克·霍弗更适合代言积极孤独的哲学家了。因为他是在尝尽消极孤独的苦味之后，自愿选择了享受孤独人生的道路。

霍弗的一生很传奇。他 7 岁失明，15 岁复明，父母早逝，年仅 18 岁就孑然一身，不得不通过日结体力劳动来谋求生计。虽然没有上过学，但他特别爱好读书，每次搬家都会选择临近图书馆的地方。

由于家族代代早逝，霍弗理所当然地以为自己也活不过 40 岁，在 27 岁那年他一度尝试自杀，所幸没有成功。留下一条命的他，从那时起开始下定决心余生要孤独地活下去。

他平时以港湾劳动者的身份融入群众，每天的生活被劳动、读书和写作这三件事所充斥。霍弗为人大方善良，追求他的女性也很多。但他总觉得自己没有能力让任何一位女性幸福，每次都会委婉拒绝对方。因此，即使霍弗身边有不少同事和伙伴，但不难推测，他还是时常会感到一丝孤独。“在人群之中生活而感到孤独”正是指这样的状态吧。

在加利福尼亚州的城市，大街小巷满是喧嚣，而他在码头独自一人默默搬货，工作之余进行阅读和创作。这样的日常生活里，一定有充足时间可以用来思考人生。

在某种意义上，他对社会抱有怒气，因为社会迫使他孤独。他将这种怒气转化为动力才开始创作活动。如果没有曾经那些经历，也许他很难最终成为一名哲学家并留下那无数著作。因为一个从未体验过寂寞孤独、生活幸福满足的人，不会产生对社会吐露心声的欲望。

微小且持续发生的烦躁是他创造力的源泉。好似珠母贝类软体动物对体内的沙粒感到烦躁，为了消除这种烦躁而慢慢生产出晶莹剔透的珍珠一样——这是霍弗自己的比喻。

到这里，大家应该理解孤独产生创造力的原因了。

作为日结劳动者边劳动边创作的霍弗，在人生的晚年被授予了美国总统自由勋章。

这是积极孤独造就伟大人物的一个很好的例子。

帕斯卡尔：孤独下来，去思考

我们全部的尊严就在于思想。正是由于它而不是由于我们所无法填充的空间和时间，我们才必须提高自己。因此，我们要努力好好地思想；这就是道德的原则。

——《思想录》[1]

布莱兹·帕斯卡尔

（1623—1662）

法国科学家、思想家、散文作家。他在数学和物理学领域成绩斐然。他曾批判笛卡尔，主张哲学思考不能只有逻辑思维，还有必要考虑情感的因素。著作有《思想录》等。

1 摘自何兆武译《思想录》（商务印书馆）。

法国哲学家帕斯卡尔撰写的《思想录》，是如今最有名的哲学书之一。

“人是一根会思考的芦苇”，这句话相信很多人都听过。不过却没有多少人理解它真正的意思，其实这句话和孤独有着非常密切的联系。

左页引用的文字正是出自“人是一根会思考的芦苇”之后的一段话。帕斯卡尔想表达的是，人类虽然和芦苇一样脆弱，但与芦苇不同的是，人类有着可以思考的尊严。

解释到这里读者应该可以理解，我们时常忧虑烦恼，就像一根细细的芦苇一样，稍微遇到一点困难心里就会受到伤害。但区分人类与芦苇的最大特征就是我们人类会进行思考。

为什么这段话会和积极的孤独有联系呢？因为帕斯卡尔把思考这件事与空间和时间做了对比。

我们会思考“人类从哪里来”，其实我们都知道这个问题的答案并不存在于时间和空间之中。因为我们的思考不会被空间和时间所填满，它应存在于我们体外，是一件本就和我们自己没有一点关系的事情。

虽然我们很容易把自己所处的世界、时代和自我联系在一起，会产生仿佛一个人就能改变一切的错觉，但我们并不能控制世界和时代的变化，所以会感到痛苦，以为自己没有能力。

因此不应该好高骛远，要知道其实我们能做的事情，只有填满自我而已。

换句话说，一个人就足以满足自我了。那么以什么方式满足呢？答案是，除了思考之外别无其他。所以帕斯卡尔主张我们必须思考，站起来重新审视自己。

为此我们不应该把视线总投向外界、悲天悯人，而是需要冷静地一个人面对自己。不要试图改变世界，而是改变我自己。

总而言之，我们越追求积极的孤独，就越能得到满足和心中的平静。

帕斯卡尔也说过："由于空间，宇宙便囊括了我并吞没了我，有如一个质点；由于思想，我却囊括了宇宙。"

只要还在意别人，我们就会被世界所吞没。反之，如果能通过积极的孤独审视自我，就可以囊括宇宙。

让我们一起成为能笑看世间纷扰的人吧！

希尔逖：用信仰为孤独加持

假如没有上帝所赐的强大的力量，而只有静寂孤独的生活，那么它既不能成为抗拒诱惑的护盾，也不能成为通向成功之路的指南针。

——《不眠之夜》

卡尔·希尔逖

（1833—1909）

瑞士宗教哲学家。律师出身，国际法大师。凭借杰出的文才，创作了大量有关基督教和哲学的著作。著作有《幸福论》《不眠之夜》等。

瑞士哲学家希尔逖说，即使你自愿选择孤独，如果毫无想法的话还是缺了点什么。希尔逖是一名虔诚的基督教徒，强调生活除了需要孤独以外，还需要上帝所赐的力量。

在我看来，此段话介绍了超出基督教色彩的两件重要的事情。

其一，只凭孤独无法抵住诱惑，也不会让你成功。

其二，为了达到此境界，需要有种强大的力量。

接下来解释一下我的观点。

首先谈第一个观点，为什么自愿选择孤独这一步还不够呢？用一句话回答就是，还尚未达到积极孤独的境界。

并不是选择孤独之后一切问题就迎刃而解。看似进入了积极孤独的状态，其实不然，只能说是刚起步。

为了能够凭借积极孤独的力量来抵住诱惑、开拓成功之路，需要走上孤独的道路，刚起步还是不够的。假如选择孤独之后还会感到一丝空虚寂寞的话，只能说你还仅仅停留在起始点徘徊而已。这时候鼓起勇气往前迈进一大步吧！你的心情和状况肯定会有所变化的。

如何才能往前迈进呢？这就跟第二个观点联系起来了，需要有种强大的力量。希尔逖对此建议“需要做一些实践性的工作”。但我们不能盲目着手去做某件事情。由于他是一名基督教徒，他所说的"实践性的工作"指的是一些宗教活动。如果我们把它扩大到一般概念的话，在这里是不是可以表达为，需要做一些面对自我的努力呢？

"我相信有上帝保佑，所以我一定可以努力做好。"希尔逖应该是一边思考上帝的力量，一边写下上述那段话的。

假如你没有宗教信仰的话，那么你能做的事情就是坚信自己的力量，做好眼前的工作。

因此，相信自己的力量并努力做好一件事情，就足以充实一个人的生活。了解这一点之后，我们终于可以从孤独的起跑线上迈出伟大的一步。

尼采：高级的自我，允许自己独处

有些人如此习惯于自我独处，以至于他们完全不和他人相协调，而是在一种安静平和的情绪中，同自己谈得很投机，甚至笑呵呵地继续编织着自己独白式的生活。但是如果你要让他们同别人相协调，他们就倾向于冥思苦想地低估自己，以至于他们不得不被迫首先重新向别人学习一种对自己的良好公正的看法，甚至从这种学来的看法出发，他们也总是一再地想要减去些什么，压低点什么。——所以你得允许某些人独处，不要像经常发生的情况那样，可笑到因此而同情他们的地步。

——《人性的，太人性的》[1]

1 摘自杨恒达译《尼采全集》（中国人民大学出版社）。

弗里德里希·威廉·尼采

（1844—1900）

德国哲学家、语言学家、思想家。他的写作风格独特，经常使用格言和悖论的技巧，提出了“超人”“权力意志”等学说。著作有《悲剧的诞生》《查拉图斯特拉如是说》等。

尼采在一生中论述了许多关于孤独的话题，他也是一位积极孤独的倡导者。

他的一生，可以用“试图在孤独中坚强活下去”来总结。通过抗拒许许多多的诱惑和妒忌，并经历了被最信赖的朋友背叛之后，他终于达到了积极孤独的境界。

“你得允许自己独处，不要愚蠢地效仿别人的仁慈。”——这句话也许是尼采对自己说的。

我们有必要把它铭记在心。尼采之所以说这句话，是因为人类是一种很脆弱的生物，即使下定决心一人独处，在不经意的瞬间也会在意别人，并拿自己跟别人做比较，然后把自己贬低为一无是处。所以尼采不断强调，我们需要坚强而孤独地活下去。

如果有人叹息自己没有朋友，尼采可能会这样安慰他——拥有朋友，只不过是因为目前尚未从对方身上发现可以嫉妒的因素罢了。

这么想来，确实没有必要因为缺少朋友而伤心，因为我们无须和无聊的人在一起。

那么，假如一个人学会享受真正意义上的孤独，那么会变成什么样子呢？

借尼采之言，这样的状态应该是“高级的自我”，亦可称为“理想的自我”。如果这个人是画家，那么这个“高级的自我”就会是他所能描绘出来的最伟大的幻想吧。

如果你意识到高级自我的存在，那么不管他人说什么，你也不会为之所动，一定能坚强地追求积极的孤独。

所以我们有必要面对自我，直到发现高级的自我为止。

尼采告诉我们，不能藐视一个人的独处时间，更不能为此停止追求孤独的过程。

老子：物或损之而益

人之所恶，唯孤寡不穀，而王公以为称。故物或损之而益，或益之而损。

——《道德经》

老子

（生卒不详）

中国古代思想家，道家学派创始人。曾担任周朝官职，后弃官归隐。认为道是天地万物存在的本原，主张道法自然、无为而治。著作有《道德经》等。

老子是中国古代伟大的思想家。上面的引文并不是专门论述孤独的，但我却莫名尤其喜欢这几句。“物或损之而益，或益之而损。”说得太妙了。

世人大都厌恶孤独、自大、自满的人，可古代身居高位的帝王却以“孤家寡人”自称。他们崇尚这种曲高和寡的孤独。

换到今天，也或如是。譬如公司里的领导不会因为寂寞而迎合下属，也没有一个总裁希望公司多几个老总。

我们从老子的话中可以找到线索。“物或损之而益”，可以说，周围人越少，你的权力就越集中。反之，如果领导变成三个人，权力就会被三等分。有些国家采用“三权分立”制度就是为了实现这个三等分、互相制衡的目的。

我们可以说，如果自愿选择了孤独，就应该能够获得些回报。那么，究竟可以获得什么呢？

首先能独享创造成果。跟别人吃饭就意味着要分享食物，和别人唱KTV就要缩短个人的歌唱时间，这很好理解。另外还能获得思考的时间。

当我们与人交谈或听别人讲话的时候，自己的思考时间会减少，会丧失与自我独处的机会，甚至成功的可能性也会变小。

老子提倡万物齐一、物我不分——人们称之为“道”。老子心中的“道”体现了支配世间万物的原理。由于万物齐一，如果将其分割了，那么所拥有的力量也会分散掉。

人要与“道”相融，顺应万物的自然发展，这是老子推行的“自然”“无为”思想。我们不要去抗拒巨大的力量，而要和巨大的力量融于一体，从个人角度讲，就是要充分发挥自我的能量。在选择积极的孤独时，懂得无为而治，将精力集中于自身，激发一切潜能，你将收获无穷尽的成果。

弗洛姆：学会孤独才懂爱

如果是因为我不能用自己的双脚站起而依恋他人，那么他（或者她）会是一个救命恩人，但是他们之间的关系绝对不会是爱……独处的能力竟然是爱的能力的必要条件。

——《爱的艺术》

艾里希·弗洛姆

（1900—1980）

德裔美籍心理学家、哲学家。他的研究植根于弗洛伊德的精神分析学说和马克思主义哲学理论，创作了大量学术著作和普及读物。著作有《爱的艺术》《逃避自由》《存在的艺术》等。

很多人不会谈恋爱。

在弗洛姆看来这是现代的一种疾病。既然是疾病，那么我们一定可以治疗它。为此，弗洛姆把爱情定义为一种技术，并介绍了习得该技术的方法。

他提出，作为前提条件，首先你需要拥有独处的能力。我们常常以为，人正是因为孤独才要有人陪伴。但弗洛姆却说，一个人只有在适应独处之后才可以开始谈恋爱。我们可以从“一直依恋他人的话，关系会停留在救命恩人的程度”这句话理解他想说的意思。

恋爱绝不是一种一方依赖另一方的关系，所以首先得学会用自己的双脚站起来。

我们需要为此做什么努力呢？

弗洛姆列举了习得该技术所必要的技能：“规矩和纪律”“专心致志”“耐心”。其中修炼“专心致志”应该是最为困难的，因为身边有太多的东西在分散我们的注意力。

弗洛姆是20世纪的哲学家，当时正好是“信息爆炸时代”的起点，如果说那个时代很难“专心致志”，那么现在的社会就不用多加赘述了。

另外弗洛姆也提倡，为了获得集中力，需要尽量避免那些无聊的对话。

在现代社会，这应该包含了各种社交网络吧。当我们排除网络杂音、获得集中力之后，才可达到安心孤独一人的状态。

到这一步，才算做好了恋爱的准备，之后就剩下鼓起勇气去进攻了。

恋爱一般有进攻和防守，有时会被比喻成战斗。我们不能一味地想着怎么依赖别人，被告白的人也是如此。为了甄别和接受对方，我们需要先用自己的双脚站起来，稳固自己的根基。可以说，积极的孤独是谈恋爱的必要条件之一。

罗素：人生需要起伏

一切伟大的著作都有令人生厌的章节，一切伟人的生活都有无聊乏味的时候。

——《幸福之路》

伯特兰·罗素

（1872—1970）

英国哲学家、思想家。罗素关注政治，晚年致力于和平运动，发表了《罗素——爱因斯坦宣言》。获得诺贝尔文学奖。著作有《西方哲学史》《幸福之路》《哲学问题》等。

罗素的这段文字发人深思。人的一生是否伟大，往往取决于他如何度过那些无聊的时间。

罗素讲解了如何通过无聊的时间来赢得幸福的方法，他介绍的方法富有说服力。

罗素曾度过了一个孤独的少年时代。少年的他独自一人生活在郊外的豪宅中，过着只有书本为伴的日子。对充满好奇心的少年罗素来说，这段时间无疑是非常无聊的。

罗素在书中列举了许多伟人的事例，当然，到了现代，他自己也成了人们心目中的伟人。罗素和那些伟人一样，都在思考无聊时间带来的意义。

罗素思考得到的结论是，人生需要起伏。如果人生永远充满刺激，人总有一天会对这些刺激感到麻木。罗素曾将习惯于过度兴奋的人比喻为“像疯狂喜欢胡椒粉的人一样”。

当然，一点刺激都没有的人生也是无趣的。

最好的是人生中有几段无聊的时间，并有效利用它。就像蹦跳时中间一定会有蹲下蓄力的阶段，蹲下的准备时间就是积极孤独的时间。

说到这儿，可能会有人认为，自愿选择孤独是一个忍耐的过程。不过，我认为将这个过程称为“修行”更为贴切。

忍耐和修行的区别在于，它们获得的多寡不一样。只要你认定它是一种修行，你就可以从这段时间得到更多的收获。

本书一直是以“积极的孤独是快乐的”为前提展开论述的。但更准确地说，应该如罗素所言，并不是所有的时间都是快乐有趣的。

我们主动选择了孤独之后，也难免有感到乏味的时候。此时我们不能为了追求刺激而逃避。应该告诉自己，这是一段修行的时间，克服一些枯燥感，修行之后，充实的日子一定会到来。

和辻哲郎：孤独不是孤立

探寻人类法则的哲学家，即使有办法让某一个体从社会孤立出来并捕捉自我，这种孤立化的思索方式本身就存在问题。

——《伦理学》

和辻哲郎

（1889—1960）

日本哲学家、伦理学家。使用“间柄”概念确立自己独特的伦理学，以风土文化论而知名。著作有《伦理学》《风土》等。

也许会有读者感到奇怪，这段文字和孤独有什么关系？其实在写下这段文字前，和辻哲郎曾批判了法国哲学家笛卡尔确立的哲学方法论。

笛卡尔是以“我思故我在”闻名的近代哲学家。他提倡只有从世俗孤立出来独自思考的时候，才能够看清事物的本质。

近代之后西洋哲学把这种思考模式设为一个常规的方法论，但和辻哲郎却对其进行了批判。在他看来，“每个人并不是一个孤立的个体”这句话包含了和辻哲郎的基本思想。

和辻哲郎用“间柄”[1]来阐释人类的存在。也就是说，人是在一个共同体中相互创建复杂关系而存在的。从这个角度来讲，他的思想和西方的个人主义是背道而驰的。虽然我们无法判定哪一方是正确的，但至少在日本人看来，可能对“人活在一个共同体中”的思想更加赞同。

因此和辻哲郎说，独自思索的前提是：我们每个人都是共同体当中的一分子。你想切掉与世俗社会的联系，是绝不可能的。当然从物理空间上来讲是可能的，但是那种精神上的、与他人之间的关

1　和辻哲郎在日语常用语“间柄”一词基础上建构了自己的哲学体系。在最基本的层面上，“间柄”即“人伦关系”，即人与人之间的关系。

系、回忆以及肩负的责任绝不会云消雾散。

我们不得不背负这些人际关系的同时，还需要在这种复杂的关系中进行思索。所以，即使你孤独地思考问题、面对自我，你也绝不是一个人。我们与他人的联系每时每刻都存在。

我也不例外，在进行哲学思考的时候，脑中总会浮现出过去某位伟人所说的话、和某位旧知共度的时光。以此为基础展开思考，其实就相当于和别人一起合作探索真理。

可能正因为如此，哲学的思索过程才会孤独却又不让人感到寂寞吧。

蒙田：留一处私域，与自己晤谈

我们要保留一所“后栈”，属于自己，属于自由。在那里，我们建立自己的真正自由，更主要的是建立自己的退隐与孤寂。在那里，我们和自己日常晤谈，那么私密，简直没有和外界有往来或接触的东西可以插足。

——《蒙田随笔》

米歇尔·德·蒙田

（1533—1592）

法国思想家，曾担任法官、市长等职务。常在蒙田城堡中思索，站在怀疑主义的立场探究人生。著作有《蒙田随笔》《蒙田意大利游记》等。

人们说《蒙田随笔》中写尽了世界的一切，因为蒙田耗尽一生思考出来的结果，都在这本书里体现得淋漓尽致。

其中不乏关于孤独的随想，书中使用大量的篇幅来描述孤独，其中最让我感到共鸣的就是上面的片段了。蒙田说，无论与家人或者社会中的任何人相伴一生，我们都需要保障一人独处的空间。

需要确保独处空间的一个重要理由是，哪怕失去其他一切，我们也可以在这个环境中顽强地生存下去。或是亲友离别，或是被迫孤独，各种意外情况难免发生，我们不可能永远和一个人在一起，死别就是典型的例子。

此时有人会因为突如其来的孤独而痛不欲生，心力交瘁。为了预防这个状态的出现，我们需要将学习积极的孤独作为日常习惯。

蒙田还提到，只有人类时而相聚时而分离。的确如此，因为在动物界，群居抑或独居是由动物的种类先天决定的，这是动物的宿命。然而相较于动物，我们人类却可以在两种选择之间自由切换，而且在不同阶段会有不同的行动方式。

人类大多数时间是在进行集体行动，不过没有必要被集体所束缚，我们有权任意选择行动方式，也可以选择积极的孤独。当然，这并不仅限于拥有隐居地这样的物理空间层次。

蒙田凭借在蒙田城堡里孤独思索的经验，提出我们应当将灵魂好好抓到自己心中——这才是一种真正的孤独的状态。

因此，判断某种孤独是否积极，最终还是取决于这个人的心态如何。

虽然这个心态调整并不简单，不过如同蒙田的亲身实践，我们可以用随想的形式把自己的想法写出来，这或许会成为一个线索。

当然写日记也是个好主意。不要在外界寻求答案，向内发问。拥有这样的态度的你，一定可以将灵魂抓在自己心中。

塞涅卡：在孤独中酝酿力量

狮子以及其他动物的威力，可以用兽笼抑制住；而人类的力量则不行，它在一个人闲居的时候达到最大。

——《论幸福生活》

塞涅卡

（前 4—65）

古罗马政治家、斯多葛派哲学家、悲剧作家。曾任皇帝的家庭教师与顾问。著作有《论愤怒》《论仁慈》《论幸福生活》等。

塞涅卡的文字总能震慑我，它告诉我们人类的力量有多强大！

他说得很对，再凶猛的野兽，一旦进入兽笼里也会被轻易控制。而人类则相反，被关在牢笼里，反而会激发出人类本来拥有的强大力量。

在动物世界中，人类本是极其脆弱的存在。别说猛兽，连一些植物都对付不了。这么弱小的物种，为什么能够支配世界呢？这是因为人类的力量不是用腕力，而是用智力来衡量的。

人类大脑会思考，有坚强的意志，并且能将其体现在行动上。从这个意义上说，只有认真面对自我的时候，才能发挥一个人真正的智力。

与其奔波着追捕矫健的猛兽，不如自己走进关押猎物的笼子，拥有独立的空间和时间思考。

当然，我不是说只要处在一个密闭空间，人就能思考和进步。塞涅卡说人还要拥有一个坚定的信念："我必须要为自己的成长或社会做出点贡献。"

的确，只是待在家里无所事事的蛰居族，于己、于社会毫无益处。25 岁时的我就是这样。

独善其身，兼济天下。比起拥有一个人的时间和空间，更重要的是要往"善"、往"积极"的方向思考。既可以为自己做规划，更可以为家国谋福利。

塞涅卡还说过，人生长短是由你自己决定的。如果你不甘度过索然无味的人生，那么请尽可能在年轻时做到独立积极思考，不必因脱离群众而恐惧。

叔本华：谁不爱独处，谁就不爱自由

一个人只有在独处时才能成为自己。谁要是不爱独处，那他就不爱自由，因为一个人只有在独处时才是真正自由的。

——《人生的智慧》

叔本华

（1788—1860）

德国著名悲观主义哲学家。唯意志论的创始人，认为生命意志是主宰世界运作的力量。著作有《作为意志和表象的世界》《论视觉与颜色》等。

在本书一开始我便引用了叔本华的言论。他生性孤僻，并且一直怀有在孤独中磨炼自我的自负，所以他围绕孤独展开的论述不胜枚举。

而左页这段话主要陈述了孤独与自由的关系。叔本华说，与人相处时的我们并不是自由的状态。只要与人为伍，我们或多或少要配合对方。

当然与人相处并不是毫无意义的，我们可以通过对话得到新的知识、刺激和灵感。但这些新的收获还不能完全落实到我们自己的内心。

落实内心的过程需要高度的集中力，需要反复咀嚼和消化。如果一个人不是处于完全的自由状态，恐怕很难做到这一步。

我也如此，为了整理自己的想法，常常会特意抽出大段的时间来思考。这一天有可能是星期六或者星期日。需要注意的是，思考时间最好不间断，不建议分割开来。比如星期六下午未完、第二天上午继续，这是会大打折扣的，因为集中注意力还需要一定的准备时间。

经过缓慢的预热之后，我们才能迎来真正的集中。而且人类的集中力一般不会维持很久，最多只有几个小时。为了充分利用这珍贵的几小时，最好还是选择独立的一整天，在这段时间享受孤独。

如果一个人不爱独处，这意味着他也不爱自由——换句话讲，就是不珍爱自己。

叔本华强调，孤独时间的长短与珍爱自我的程度成正比。

珍惜自己的人会爱上孤独，也是理所当然的事情了。

马基雅维利：领导力与孤独

因而，作为君主，如果想让臣民们团结一致、保持忠诚，就不应该斤斤计较是否落下了残酷的名声。

——《君主论》[1]

尼科洛·马基雅维利

（1469—1527）

意大利政治思想家、外交官。他主张国家至上，将国家权力作为法的基础。著作有《君主论》《佛罗伦萨史》等。

1 摘自方华文译《君主论》（陕西人民出版社）。

写下《君主论》的马基雅维利自身并不是君主，他只是一名佛罗伦萨共和国的书记，担任外交相关事务。

当时的意大利与诸多小国相互对立，政局很不稳定。在这样的局势下，马基雅维利作为外交官访问观察了其他诸多国家的君主之后，形成了自己独有的现实主义政治哲学理论。

他提出，君主为了达到目的应当不择手段，即“政治无道德”的权术思想，人们把该思想称为“马基雅维利主义”。

马基雅维利主张君主应当让人敬畏。即使被周围人批判残暴冷酷，或受到外界的负面评价，君主也不能在意这些。

而这样的君主必然将成为一个孤独的存在。如果他忍受不了孤独，那么不仅保护不了自己，还会让国家陷入危机。

领导也是一个孤独的存在。成为领导之后不得不面对上文的情境，但是只要认真对待孤独，就可以造福于你和你的员工。

如果讨厌孤独，那么放弃领导身份就好。可以和群众平等相处，将自己的命运寄托在某个领导而非自己身上，这样的生活可能更轻松。不过这个选择究竟是好是坏，我们不予置评。

生活中，谁都会有成为领导者的瞬间。你可能只是公司里的一名普通员工，但你也可能是一家之主、管理自己的家庭。

为了随时发挥好领导力，我们有必要做一些面对孤独的心理准备。如果能享受孤独，就更上一层楼了。因为自己独立做出判断是一件很不容易的事情，有可能会被别人讨厌。缺少孤独练习的话，你很难跨过困境。

奥勒留：退隐至灵魂深处

人们都在为自己寻找着退隐之路，寻找一种隐居于乡野、海滨或山林的生活，你对这种隐居生活简直羡慕得要死。但是，这种退隐的想法是凡夫俗子们共有的特征，因为应否选择隐居生活完全在你自己的能力范围之内；因为无论一个人退到什么地方，都不如退入自己内心灵魂深处那样能获得更多的宁静并摆脱所有的烦恼，特别是在他心中恰巧有这种思想的时候。

——《沉思录》[1]

1　摘自盛乐、舟东译《沉思录》（新世界出版社）。

马克·奥勒留

（121—180）

古罗马帝国皇帝。他是斯多葛学派的代表人物，被称为罗马帝国五贤帝之一。以禁欲主义为美德。著作有《沉思录》等。

刚看到这段文字时，我惊讶极了：“这是退隐指南吗！？”

奥勒留说，人一旦疲惫就想到海滨或山林隐居，但是真正的退隐场所应该在自己的灵魂之中，没有比它更让人放松的了。

这里的退隐绝不含贬义的意思，是指让自己得到充分休息的机会。退隐本该是这样的行为。

说回我自己的经历，曾经退隐蜗居在家的时间实在太长了，以至于他人——包括我自己都认为这可不是什么美好时光。但是如果这段时间并没有那么长，而只是较短的休息时间，那么谁也不会否定它。

奥勒留也是这么认为的，退隐时间应该要保持在较短的时间之内。对，如果把退隐看作是休息的话，这个时间不应过长，而且需要在这段时间里收拾思绪、重新振作，这样才能赋予退隐以积极的意义。

如果可以像这样深入自己内心灵魂的话，退隐是有益的。当然，此时有可能不得不切断与世间的联系，但这不是一个问题，因为世界上没有任何法律强制你和某个人或群体永远待在一起。

恐怕是因为会感到莫名的孤独，才会害怕切断与他人的联系，从而执着于那些无聊的来往。但正是这种摸不着边的行为，妨碍了你真正地退隐到内心灵魂的过程。

人是一个非常脆弱的生物，假如身体和心灵都得不到休息，很多时候会失去前进的动力。这个时候需要鼓起勇气退隐起来，在这段孤独中养精蓄锐，才能迈出新的一步。

比如说，同是停职一年的上班族，有些人回归之后还能和往常一样工作，而有些人则不然。造成这种区别的原因是什么？应该是有些人选择了积极的孤独，而有些人却没有。

我们应当积极地选择孤独，并且为了能够与社会构成一个健全的联系，有必要早点做出选择。相比等待孤独的到来，还不如自己主动地寻求孤独——这也是积极面对人生的小技巧之一。

赫拉利：冥想是一种积极的孤独

冥想为的不是逃避现实，而是接近现实。我每天做两个小时的“内观禅修”，在剩下的22个小时里，我会被一堆电子邮件、推特和有趣的小狗影片所淹没。

——《今日简史》

尤瓦尔·赫拉利

（1976—）

以色列历史学家。从历史学的角度分析了人工智能、大数据等现代问题。著作有《人类简史》《今日简史》《未来简史》等。

作品风靡全球的历史学博士赫拉利，也是一名冥想的实践者。《今日简史》一书中描述了21个主题，他用其中一整个主题的篇幅，结合自己的实际体会阐述了冥想的种种意义。

他所实践的冥想被称之为“内观禅修”，和其他冥想一样盘腿坐下闭上双眼。除此之外什么都不做，这样能够观察自己的身体和心灵所发生的每一个现实瞬间。

一开始全神贯注地观察从鼻孔进出的呼吸，渐渐地把这个注意力转移到身体的各个部分。这样你会发现，我们并不是对外部世界的变化产生反应，只是对自己身体产生的一系列变化有了心理反应而已。

这个过程到底有什么用呢？赫拉利很自信地说，通过这个过程可以理解自我以及人类社会的全部，得到的东西比以往人生中的任何其他事情还要多。而且如果没有这样的经历，他是断然无法写出《人类简史》与《未来简史》这两本书的。

这应该是实话，因为赫拉利所说的冥想，正是其他哲学家所说的积极孤独的一种实践方法。

赫拉利每天至少用两个小时去冥想，有时也会腾出较长时间进行长期的冥想修行，通过这样的方式建立面对自我的时间。

虽然冥想要求我们专注，不能去想其他任何事情，但是这种客观地观察自己的过程，也就等同于面对自我的过程。而且观察的是我们日常生活中看不到的一面，是真正的自我。

赫拉利为什么推荐冥想呢？其实赫拉利一直以来宣扬人工智能的危害，批判大数据至上主义。在接下来这个算法决定个性的时代到来之前，他希望我们每个人学会定义自己的个性。他把冥想作为定义自己个性的途径，也是对抗人工智能和数据至上主义的对策。不管冥想本身有没有意义，赫拉利所说的话让人感到不无道理。

建立积极的孤独，通过思考面对最真实的自我，是时代所需，也是个人所需。

第五章

积极孤独实践课

7 步激发孤独力

真正的幸福只能在孤独中得到。

把孤独时间转化为幸福时光，

你会打开一个新天地。

分步训练，化孤独为动力

许多人害怕孤独，谈“孤独”色变，更不知该如何积极面对和享受孤独。相信读者朋友看到这里，已经对“积极的孤独”有了新认知。积极的孤独能带给我们很多意料之外的好处。

那么，怎样训练才能达到积极孤独的境界呢？

对此，我结合自身经验，总结出逐步实现积极孤独的七个步骤。每个步骤的操作都很具体，一起来实践吧！

● 第一步：寻找喜欢的事情

● 第二步：远离无用信息

● 第三步：不畏人言

● 第四步：练习拒绝

● 第五步：制定独处计划

● 第六步：短时间独处

● 第七步：长时间独处

第一步：寻找喜欢的事情

独自完成一件事

练习独处的第一步是寻找自己喜欢的事情，对此读者可能会感到惊讶。不过这一步做起来一定不难吧。其实这是为享受孤独时间所做的前期准备。

为了享受积极的孤独，就需要在此时间内做一些自己喜欢的事情，因为快乐是做任何事情的动力。

在大多数人眼里孤独不是件快乐的事，正因此找到自己的喜好尤为重要，毕竟没有人不喜欢快乐。当然最理想的是没有乐趣辅助依然能做到积极孤独，可一开始肯定不会那么简单。

选择你的兴趣点就可以。这里有一个前提条件：一定是自己一个人就能完成的事。我们需要养成独自完成事情的习惯。

我自己实践的几件事有：运动、读书学习、观赏影视剧、一个人喝酒。

①运动

足球、篮球这样的团队运动很难一个人完成，我选择的是慢跑、健身训练。而且这种运动本身不适合被干扰，一个人做更容易找到乐趣。

我平时在跑步机上跑步，常常边跑边看些平时收藏的视频，我甚至开始期待这段时光，就像小时候整天期待看电视节目一样。这样的过程会让人爱上一人跑步的时间。

有时我不看视频，把跑步的时间用来思索。我们可以用这样的方式来习惯独处，将其慢慢转化为积极的孤独。

健身运动是养成独处习惯的绝佳契机。

当然，足球、篮球或网球等团队运动也可以一个人练习。不过一个人就能完成的运动，会比这些协作性运动更好些。

我以前也为网球着迷，当时对着墙壁练习击球，但打着打着就发现，这样根本无法得到满足，还是需要别人陪练。

本来是为了解压而寻求积极的孤独，如果在这个过程中产生压力就本末倒置了。所以，我还是建议跑马拉松、骑行、攀岩等，挑战一些追求个人成绩、目标和理想的运动项目。这些运动也都是我正在做或接下来准备挑战的项目。

②读书学习

读书学习无疑是一个人的事。

确实有一些人，只有在参加读书会或和朋友去图书馆时才看书，学生时代时我也如此。但后来读书已经成了我度过积极孤独时间的王道，也就是说，我把它转化为了自己的武器。

如果你不喜欢窝在房间里，或者说只有在热闹的地方才有灵感，也可以考虑一个人去咖啡厅看书。嘈杂的环境会带来视觉和听觉上的感官变化，这些变化可能给你带来新的领悟。比如看到隔壁桌情侣的相处，或耳边听到令人怀旧的歌曲，这些微小的刺激都有可能启发新的灵感。

我也经常去咖啡厅读书写作。此时嘈杂的环境成为我的背景音乐。但我不推荐在有很多熟人的地方看书，因为你大概率会被搭话，这样就无法集中注意力了。

说个题外话，我现在正在咖啡厅里撰写本书。

③观赏影视剧

我们一定可以一个人观赏电影或电视剧。

约会时适合看电影，但这时你的注意力主要在约会，而不是眼前的电影。

我看电影时遇到煽情场景就落泪，所以不喜欢和别人一起看。如果有人在旁边，我会一直在意对方的存在，就无法好好享受了。

对于电视剧，大家应该都是一个人在家看吧。我喜欢看韩剧，可以一整天都沉浸其中。虽然平时很忙，很难抽出一整天看剧，但至少每天看一集还是能做到的。

以看韩剧为契机，我开始听 K-POP、做韩国料理、学习韩语。多亏这些兴趣，让我一个人的时间变得越来越充实。

我周围还有喜欢俄语、爱看俄罗斯电视剧的朋友。看海外影视剧的好处是既能学习外语，还能了解国外的文化，一举多得。

你喜欢什么电视剧呢？

④一个人喝酒

很多人认为喝酒要有人陪，其实一个人喝酒更享受。

聚众喝酒，看似恣意，但容易烂醉，还间或酗酒闹事。但一个人喝杯小酒，氛围和节奏都由自己掌握，更多的是一种惬意。当然，正所谓，小酌怡情，大饮伤身，我绝不推荐你独自喝得酩酊大醉。

我每晚都会一人小酌，为自己解压。最近还对酒的种类和下酒菜产生了兴趣，开始翻阅各种美食书籍，也自己动手制作鸡尾酒和风味料理。感觉好极了！

一个人散步

运动、读书、看剧、喝酒——这些平凡而普通的小事，填满了我一天中工作和睡眠以外的所有时间。这些事情比与人打交道更吸引我。我并不厌恶与人来往，只是更喜欢一个人而已。如果你也能找到自己的兴趣点，作为积极孤独的第一步，已经足够了。

但是，享受独处的最佳状态应该是能够尽情思考。这才是时间的意义。不说和他人共事，哪怕是同人讲话时，我们其实也没有仔细思考。因为思考本身需要高度的集中，所以有必要腾出一个人的时间。建议大家养成“散步”的习惯，然后享受其中。

如何享受呢？可以是欣赏景色，也可以是探索新路线，等等。你可以在这个过程中进行思考。如果你由衷感到思考是一件快乐的事情，那么你会对独自散步如痴如醉。毕竟它有益健康，而且实践起来非常简单。

散步时很适合思考。因为身体的活动以及周围景色的变化会对大脑产生刺激。

古希腊的逍遥学派提倡边散步边传授知识。德国哲学家康德坚持每天散步，也是家喻户晓的事情。日本有一条叫做“哲学之道”的小路，京都学派的西田几多郎经常在此散步和思索，这条小道因此而闻名，成了著名观光景点。

大家也开拓一条自己的哲学道路吧！

第二步：远离无用信息

戒掉社交网络

前面讲的是寻找喜欢的事，这一步正好相反，是让你讨厌一些事情。为了达到积极孤独的境界，要先放弃不必要的事。

我首推的是尽量远离 SNS 社交平台，不看甚至干脆关闭它。

许多人经历过“社交媒体疲倦症”，对在社交网络发消息、上传动态或与人互动感到厌烦。即便如此，还是很难彻底戒掉网络。没及时给朋友的动态点赞或回复时就恐慌，害怕因此失去友情。

但你要想清楚，因为这种理由就轻易消失的友情，并不可惜。如果一段友情真的有必要存在，它会在网络以外的地方陪着你。

我们在网络上发布的稿件都是公开的，所以即使仅是一些个人感受或自言自语，都会被别人看到并评论，你多多少少会在意别人的眼光——这并不是真正的“自言自语”。

真正的自我对话，应该是心中只有自己，不在意别人的存在。想要真正面对自己，只要拿出本子写日记就可以了，无须发布在网络上。

如果把社交网络作为收集他人信息的工具，它的确是个很好的手段。但收集自我信息的最好工具，不是网络，而是日记本。

我每天像写备忘录一样写日记，记录身边发生的事情以及因此产生的种种情绪。如果想查阅哪一天发生了什么事情，一翻日记本就知道了。

何时发生了何事，我都第一时间记在本子上。这不仅对写作有利，更重要的是能借此客观地认识自己。

偶尔翻翻日记，会发现平时没有察觉到的一面，还有过去存在但现在遗忘了的另外一面。有时候，有些事放置一段时间再去看，反而更能从客观角度去评价；当感到心烦意乱时翻日记本，那些信息也会给我带来帮助。

无用信息如麻药

我提出“远离无用信息”的真意是“远离他人的信息”。

很遗憾，获得关于自我的信息量与获得关于他人的信息量是成反比的，所以我们应该从世俗的信息中逃离出来。

很多人并不如想象中那么了解自己。不知道自己需要什么，浑浑噩噩地过生活。此时，多余的信息反倒有害，它会成为你寻找真正需要的信息时的杂音。

无用信息就像麻药，一旦对它产生依赖，你会变得没它就活不下去。你会感到空虚，为了填补这个空虚，还会向外界讨要更多的信息。此时你并不在意信息的质量，反而希望越刺激越好，以打发无聊的时间。即使需要为此支付金钱，也在所不惜。

这样的情景，怎不让人心生怜悯？可悲的是，社会上大多数人都是如此，早已深陷其中，只是没有察觉到问题的严重性。所以，大家需要认真面对自我，巩固自我。

前面我推荐大家通过读书享受孤独时间。有人可能会疑惑，读书也是收集信息的手段，这与从社交网络获得信息有什么区别？

当然，从获得信息的角度来讲是一样的。但二者获得信息的出发点不同。从社交网络获得信息，是因为在意他人或外界变化而进行的行为，它是处在孤独的另一个极端；而读书则是与自我内心的对话，是出于自我意志、解决自己的某种问题而做的行为。

想要实现积极的孤独？

关掉手机和电脑，捧起书本吧。

第三步：不畏人言

没必要和别人竞争

从这一步开始难度会突然升高。前两步是选择性事件，只需要让你做或不做某件事情就可以。而这一步需要情感上的控制。

“不畏人言”——

这种情感的控制说起来简单，做起来很难！

人都是有欲望的，而且往往是在与人联结时产生欲望。

正如奥地利精神病学家、心理学家阿尔弗雷德·阿德勒所说，我们只要不和别人比较就能够幸福。大家也应该同意这个观点吧，我们的苦恼很多时候是过度竞争引起的。

如果一场竞争百分百能确保胜利，谁也不会因为它而苦恼。但是这样的竞争相信许多人也不愿意参加。

人总想追求自己没有的东西，这个东西离你越远，你的兴趣之火就越旺盛。竞争就是这样的事情。

想变成有钱人，想买高昂的奢侈品，想跟优秀的异性交往，想把自己打扮得光鲜艳丽……我们为了这些欲望而做出努力，但这些东西往往很难得到，痛苦之心便起。

你享受不了孤独，是因为每时每刻都在和他人竞争。也许我这么说，并不为过。

假如这世上只有你一个人，无须和他人竞争了，那会是怎样的画面？

人类为了生存需要前进，这也意味着为了生存需要发展和成长。而理想才应该是你成长的动力。

想象一下，假如此时眼前出现一个比你优秀的人，你的心境会如何变化？你很有可能会动摇，把那个人误认为是自己所要追求的理想。这样一来，你的目标就在无意识中变成胜过他人。其实仔细想想就明白，这个日标是有问题的。

我们要做的是追求自己的理想，与自己而非他人竞争。从领悟这一点的瞬间开始，我们就能接受孤独，向积极孤独迈出一大步。

千万别试图在和别人攀比中前进，因为这时候你们只是在互相拖后腿而已。

阿德勒也提倡，我们不要和别人竞争，应该去追求自己的理想，这才是成长的条件。

因此，孤独也意味着放弃和别人的竞争，开始走上追求自己理想的道路。

我年轻的时候常常和周围人做比较，以胜过他人为目的度过每一天。一旦胜利了就会满足于现状，像龟兔赛跑中的兔子那样优哉过活。醒来后才发现，乌龟们早就踏进了新的舞台，而我早被甩得远远的。

这段时光不仅指顺利考上名牌大学后的时期，还有毕业后进入大公司工作的时期。我曾活在明确的比较中，把超越他人当成人生的目的。当我清醒过来后，为时已晚。

后来我才明白，和人比较是没有意义的，需要做的只有不断提高自我。经历巨大的挫折，体验了绝不再想体验的消极的孤独之后，我才领悟到这个道理。

幸好遇到了哲学，我得以迷途知返。现实中许多人还是像兔子那样因为输给乌龟而悔恨。

我希望读者们能放下攀比，早些体会积极孤独的快乐。

走自己想走的路

我们之所以下意识地和别人做比较，大概是因为太依赖于所谓的常识。“大家都觉得好”“大家都这么做”……很多人都有这样的“大家幻想”。

这里的“大家”到底是谁呢？

你小时候是不是也向父母叫嚣着“大家都有（如手机）”而让父母困扰呢？即便我们都明白，根本不存在具体意义上的“大家”。

“大家”这个词其实像一个挡箭牌，只要拿出它，自己就可以占上风。

在日本社会有一个共识，认为什么事都得和大家保持一致才不容易犯错。这其实是一种不好的风气，在此风气中每个人被迫扼制自己的个性。

如果大家都一样，也许很安全，没有人被欺凌，但却失去了培养个性的机会。每个人被强迫扮演着一个个毫无个性的虚拟角色，假装自己和大多数人一样。这样的生活方式可能很轻松，但同时也一定很无趣。

在日文中，“乐”字有“轻松”和“快乐”两种含义，但某种意义上说，这其实是两个相反的意思。因为我们说轻松很多时候是指不用自己付出行动，而为了追求快乐我们必须要做出一些行动，哪怕备受瞩目。

为了真正意义上的享受人生，即使受到不小的关注，你也不能淹没于众人之中。不管他人眼光如何，你要勇于追求自己的理想。

不要在意他人，走自己想走的路——即便这条道路上没人与你同行。

不慕虚名，做好自己

人都有获得认可的欲望，谁都想受人赞扬和肯定。但这个过程中难免会产生和他人的比较，陷入无限的恶循环。为了摆脱这种比较，需要从欲望的根源考虑：怎样才能停止追求他人的认可？

首先，我们为什么想得到他人的认可呢？

每个人都是自由且独立的个体，绝不是任何其他人的附属品。所以，即使没有他人赞扬，只要坐得端、行得正，我们就值得自己的认可。

夸张点说，你甚至可以把“追求他人认可”视为一种耻，坚持走自己的道路。

20世纪的法国哲学家萨特是历史上拒领诺贝尔奖的第一人。初次听到他的故事时，同样以哲学为职业的我感到震惊，同时也感到汗颜。

如果换作我获得了诺贝尔文学奖，一定会手舞足蹈，哪怕自掏腰包也得前去领奖。但萨特没有，他拒绝了诺贝尔奖，也反映出他内心的意志：我不追求他人的认可，只过让自己满意的人生。

从这个意义来说，萨特做得是非常彻底的。他无比强大，不仅不追求他人的认可，连他人的怀疑或厌恶也完全不害怕。

现代的大多数年轻人，可能做不到这一点。大家太在意别人的脸色。

我们会因他人的品头论足而提心吊胆。特别是现代的网络时代，稍微做一点出众的事情就会被放到网上，受到众人的评论。不论你是名人还是大众，陌生的网民都会对你说二道四。所以，对于这些信息索性忽略掉就好了。他们不是你的上司或老师，只是跟你毫无关系的陌生人。他们的一举一动不会对你产生任何实际影响，因此没有必要在意他们的言论。

为了获得积极的孤独，需要这样的“无所谓”精神。

切忌“人云亦云”

如果需要介绍一个练习方法，那么我想说，请尽量避免根据别人的评价做出判断。

在这个满是“点评”的时代，一切都在被量化，包括餐点、商品以及工作成果等。

我们可以试着在选餐厅的时候不关注好评率等信息，根据自己的喜好做决定。因为，自己喜欢最重要。有人担心这样的随心选择失败率高，但这种失败没什么，比沦为一个因时刻在意他人评论而完全失去自我信念的人要好。

这类似于第二步中所提的远离社交网络等接触他人信息的工具。要获得积极的孤独，首先需要克服“别人怎么想”的条件反射。

第四步：练习拒绝

不要被动地过日子

我承认，积极孤独课的难度在慢慢提高。不过如果你能做到不跟别人比较，也不追求周围认可的话，学会拒绝这一步应该很容易完成。

接受别人的请求，势必需要把自己的时间精力花在别人的事情上。如果是在工作和生活中不得不做的事可以理解，但如果接受这件事只是为了维持关系，那大可不必。

如果你抱着“说不定将来有用呢”的模糊想法，而接受各种聚会邀请，不管有多少时间都是不够用的。如果你还年轻，可以偶尔参加聚餐积累社交经验，但 30 岁往后就要适可而止了。

工作中也需要拥有拒绝的勇气。如果一味埋头苦干，工作只会越来越多，因为世上有很多善于推卸责任的人。

三四十岁时，我一直是个好好先生，凡是同事委托的工作一概不拒绝。“好好先生”本来是指那些无条件无批判地遵从比自己地位高的人。虽然这个词语大多数情况是贬义的，但曾经的我却把它定义为一个褒义词：通过接受各种求助，我得到了许多提高自我的机会。我因此接受了太多分外事，也花了大量时间去完成。

这样的生活确实令我心头轻松，没有负罪感。但是经过十多年，突然有一天感到困惑：到底为了什么？

是为了拼命帮别人做事然后获取酬劳吗？周围人甚至可能以为乐于助人是我这个人的天性。但事实绝非如此。我只是不愿意说“不”而已，只是一个没有能力也不敢拒绝的普通人罢了。

吐露心声后，许多人鼓励我：“不，不，你干得非常好。”但是否真的愿意做这些事情，归根结底还是取决于我自己。

当时的我太被动了，以至于像完成任务一样把太多的时间浪费在别人身上。

从那一刻起，我发誓不再当“好好先生”。

先从说“不”开始

当然，我也不是完全否定过去的自己。

每个人都需要成长，成长过程中难免有一段被安排任务时回答

“Yes, we can”的时期。这句标语我用得比奥巴马还早。在我应届毕业、入职伊藤忠商事的时候就把它作为口头禅了。当时的习惯性思维就是先对客户说可以，然后再考虑怎么实现。

这对双方来说应该是好事，因为对客户来说委托的事情被欣然接受，而我也绞尽脑汁考虑真正有用的方法。这样的一笔业务可能没有什么，如果一辈子都这么干的话，首先身体很可能吃不消，更严重的是很难保障自己一个人的时间。

所以我们要在某一个时段开始学会说“不”。

在我年近五十的时候，说“不”的时期到来了。为了高效度过人生有限的时光，我需要自己做出选择。

如果这件事只有我能做，我会投入尽量多的时间。但如果其他人也能做，我会果断说“No”。大家也一样。如果其他人能做的事，就别大包大揽了。相比这些事情，还不如留出时间去了解自我，发现更重要的东西。

话虽这么说，但有些人天生就是这种性格，不会拒绝人，譬如曾经的我。我很能理解，很多时候一个犹豫，就不知不觉接受了一件事，继而接受所有事。

为了避免这个情况发生，我们被委托任务的时候，可以先从回答“不”开始。这样一来，无端的请求会减少。在此基础上，如果有人再三求助，再考虑是否值得和必要。

提醒一下，对于那些想要增加工作量的人，我们不提倡这个方法。它只适用于我这样为了保有自己的时间而想减少工作量的人。

你是哪种类型？

有人会说，要是真这么拒绝，我的工作早没了。但要知道，比起盲目包揽工作，那些对工作精心挑选、精心打磨、做出出色成果的人，在职场中更受欢迎。但两种工作态度各有利弊，大家可以根据自己的情况选择。

这两种态度可以用“大量生产型”和“能工巧匠型”来定义。如果你想拥有自己的时间，那么强烈推荐“能工巧匠型”的工作方式。这里的“能工巧匠”是指那些善于挑剔自己工作的、只做高质量工作的人群。他们会有取有舍，不接受自己意愿之外的工作。

因为他们很清楚一个道理，只有不做多余的工作，保障自我的时间，才能产出精品。所以即使惯于拒绝，他们也不会失去客户的信任。

第四章讲到的美国哲学家霍弗就是“能工巧匠型”的代表，他可谓是“拒绝达人”。不仅拒绝了恋爱，还拒绝了大学教授的职位，他每天的工作也控制在自己力所能及的范围。

也许正因为这样的工作方式，他才能够享受孤独的生活。当然，尽管他总在拒绝，仍然受人尊敬和爱戴。

第五步：制定独处计划

想方设法“一人专用”

当来到第五步，你已经达到能够享受孤独的阶段了。

不同于前面几步的戒断或拒绝，这一步的任务是思考，并在思考后付诸实践。思考什么呢？思考如何通过一己之力，去完成平时大家一起做的事。

我可以断定，所有事物都可以变为“一人专用”。

有一天我参加了某地方电视台的节目，节目中介绍了一人专用的小蒸锅。据说用它可以轻松做出烧卖、蒸菜等美味佳肴。清洗也方便，只需用水冲一下就可以。最关键的是它是一人专用，不像一般家庭常见的大口锅，它的大小很合适，只比一人便当盒稍微大一点。这样的蒸锅得以上市，归根于越来越多的独居人群。

虽然我不是独居生活，但出于工作原因常常会一个人住。写作也难免熬夜，在这种积极孤独的时间里，像小蒸锅这种一人专用的工具不可或缺。

不仅是物品，还有那些多人集体活动，只要稍加创新，就能为一人所用。

例如最近社会上流行“一人 KTV”。KTV 最初出现的初衷是为了满足多人场景的唱歌娱乐。但渐渐地，人们发现把卡拉 OK 用于练习唱歌或纾解压力的话，其实一个人时效果更佳。所以，一人唱吧在现在逐渐流行起来。就像这样，只要改变目的和方式，世上很多活动都可以变成“一人专用”。

我们可以享受一个快乐的独处时光，无须违心地和别人周旋。只需要真挚地倾听自己内心的声音，然后激励自己，让明天过得更有意义——这就是积极孤独的乐趣所在。

独享是对自己的奖励

接下来你可以制定独处的计划。

一开始可以思考，如果让你独处一天你会怎么过，接下来设想如果这个时间是一个星期、一个月、一年甚至一生的话你会怎么做，然后对这种长期的独处制定一个计划。

这并不意味着你一定要单身一辈子，这只是一个假设而已。只要做好这些假设的计划，即使孤独的时光突然到来，你也会把时间过得很有意义。

而且制定计划的过程中，你会发现内心在悄悄变化，会开始期盼拥有计划里的时间。

制定计划的方法很简单，就是去想那些平时和他人一起做的事情，一个人将如何享受。假设你平时从不独自去居酒屋，那么设想一下自己进店后会怎样。只要你喜欢，你可以重复点同样的酒菜，饭后甜品随便选，一个人想待多久就待多久。

跟往常相比，这点小小的变化，是不是让你产生了一点兴奋和冲动呢?

一个人可以享受平时品尝不到的滋味。平时总是被动与人共处，偶尔一个人去居酒屋，也是一种特别的体验。

是的，独处绝不是一件寂寞的事，它是特别又令人兴奋的。你甚至可以把它作为给自己的一种奖励。就像约会的时候请客吃饭，或者给人送礼一样，你是请自己吃饭，给自己送礼。

只有自己知道自己做了什么事情，你会感到某种神秘感，仿佛掌握了什么独一份的世界机密。

假设全世界只有你一个人知道明天将会发生一场革命，你会是什么心情？如果这场革命发生与否完全取决于你一个人，又会是什么心情？心脏在扑通扑通剧烈跳动吧。这里的革命可不是政治上的革命，而是一场人生的革命。

想象独处方式的另一个好处是，你能把所想的东西马上实践起来。因为你不需要在意别人的感受，随时可以付诸行动。

这样一来，是不是觉得思考独处过程变得更有趣了？也许你会渐渐沉浸于思考之中。如果达到这样的境界，可以说这一步的目的已经实现了。

第六步：短时间独处

在工作日请个假

终于进入了实践阶段，从这里开始我们将慢慢踏入积极孤独的生活。

刚开始可以从短时间的孤独起步。只有数小时也好，独自去一个平时不去的地方，或者独自做一件自己不做的事情。

其中门槛最低的应该是节假日的独处。平时把太多时间花在别人身上了，到了周末，享受下孤独吧。这种不是出于迫不得已，而是为了与自我相处而主动选择的孤独，很潇洒。

如果你有家人，每个周末都独处几乎是不可能的。不过，偶尔拥有一次完全属于自己的周末也没什么问题。

其实一个人过周末是很普遍的。特别是本就过着独居生活的单身人士，周末时大概率是一个人。有些人说，平时工作太累了，周末要自己好好休息一下。但这仅仅是因为平时忙，想在周末养精蓄锐。这不是积极的孤独，是被迫的孤独，并不能把它归为任何形式的孤独训练。

这样的休息，还不如抽出一个工作日来做更有效果。

大家有工作日请假的经历吗？不是出于生病或办事，而是几乎没有理由的，突然想要请假。这种请假越突然越好，因为此时你会感受到一种仿佛在懈怠工作的罪恶感的同时，也能享受这种“罪恶感”带来的甜蜜滋味。

这时候你可以体验到近乎“特权阶层”的优待。可以在人家上班的时候休息，可以在平时人山人海的地方优哉散步，还能“包场”平时需要排长队的人气饭店。

此刻你会意识到，平时因为配合别人失去了太多的快乐、丧失了太多自由时间！午休、下班后以及节假日，大家几乎是一样的流程，同样的时间做着同样的事情，才会到处人挤人、排长龙，还莫名滋生出压抑与烦躁。

在工作日请个心血来潮的假期，会体会到与众不同的快乐。像这样自由地度过一天尝到快感之后，大概率你会沉迷其中。

一旦迈出一小步，就可以把它习惯化。

你可以每周安排一天独立的自由时间，也可以每天抽出一小段时间把自己孤立起来，思考人生。至于多久才能形成习惯因人而异，但大抵三个星期就足够了。

以前读过罗宾·夏玛的著作《生命尽头，谁将为你哭泣：以终为始的人生智慧》。读完之后进行实践，我发现他书中说的是对的——三个星期就能形成一个习惯，这个习惯可以改变一生。

确实，凡是能够持续三个星期的事情往往能够坚持一生，它也会大大改变我的人生。

实践 3M 法

最近我提倡大家拥有自己的“3M”，即“My pace”“My space”“My peace”。

My pace，是指跟着自己的节奏走，确保自己的时间。

My space，是指自己一个人能保持心平气和的场所。

My peace，这是我自创的概念，即“我的宁静”，就是说体会心中的风平浪静。

心无法宁静的话，即使你拥有一个人的时间和场地也没有意义。只有时间、场所和心态上的宁静三者兼顾，才能走入积极孤独。

要说实践 3M 最有名的一位哲学家，应该是笛卡尔。他一直跟着自己的节奏走，他的旅游说走就走，想沉浸在思考里他就连续好几天蜗居在自己的房间(My pace)。他会在有暖炉的阴暗房间里(My space) 放下所有负担，静静思索（ My peace ）。

快发现你的 3M，训练积极的孤独吧！

大多数人应该会选择结束工作回家后在自己的房间里尝试吧？如果你有家人，害怕晚上影响到他们，到咖啡厅、图书馆或者自习室等都是不错的选择。

我平时实践 3M 的场景是在回家进入自己的房间以后。但其实最能让我享受独处的，是在地铁、公交等公共交通工具里。

现在不需要使用地铁通勤了，很难再实现这样的时间。但在长途移动时，譬如从山口县前往东京的时候，我会故意不乘飞机，而选择乘坐新干线。因为新干线单程就要花四个半小时，我能在这段时间里充分享受孤独。

此外，还有一种绝妙方式——旅行。

说走就走的一人旅行

在周末或者请个短假去旅游吧。

旅游时可以在不同的环境中客观看待自己。像笛卡尔在内的许多欧洲哲学家，都四处奔走，去过许多国家和地方。

透过车窗映入眼帘的罕见美景和自己的面庞，或是通过咖啡厅的玻璃窗看到的异地街景和自己的脸颊……这些都是一人旅行才能享受的奇妙感受。

写到这，我真想明天就来一场说走就走的旅行。

也许有人觉得一个人旅行很寂寞。但实质上你并不是一个人，还有另外一个你在与你同行——我是说，你可以边和自己对话边旅行。看到新的景色，有了新的体验，将已有的知识和新鲜的信息进行对比后，大脑就会进行思考整理。

"这一幕和小时候看到的某个片段好像啊。"

"我小时候是多么开心啊。"

"为什么现在会有不开心的时候呢？"

"是不是对人生有不满意的地方？"

"还没找到自己真正想做的事情？"

"那么我真正想做的事情是什么呢？"

……

这种内心的自我对话，是深层次探究自己和世界的好机会。

而这种思考，是独自旅行带来的一大利好。

第七步：长时间独处

异地生活

习惯了短时间独处之后，最后一步你就可以开始练习长时间的独处了。

如果掌握了这一步的精髓，可以说你已经能掌控积极的孤独。因为，如果你能长时间享受独处，你的生活已经达到了积极孤独的理想状态——可以说是“孤独的生活方式”。

这一步需要较长时间从社会中独立出来，在如今社会可能很难实现，但可以从阶段性体验开始。当你真能实现梭罗式的生活时，就彻底回归自我了。

第六步提到过独自一人异地旅行，在这里我想说的是异地生活，比如异地求学、工作。

当周围没有认识的人、一切都是崭新的时，这样的环境会让你有更多时间实践积极的孤独。我知道去异地生活有门槛，但也不失为一个不错的方法。

我出于工作原因，有很多出国研讨的机会。每次去到国外，我都能遇见新的自己，并感到惊奇。

不论是国内还是国外，当我们来到一个异地，就能换个角度察觉自己。回顾过往人生，计划未来生活。我们甚至不必有意识地去思考这些事情，因为在异地时这些问题都会自然而然地流淌出来。

与短期旅行不一样的是，异地生活能给我们带来足够久的思考时间，从而很好地整理自己的想法。直到回程之际，往往会做出某些决定："对！我今后要这么过！"

当你再度回归原位时，就可以迎接被孤独磨炼出来的崭新的自我——这么说可能有点夸张，但异地生活能让一个人变得更强是肯定的。

寄迹山林

接下来介绍一下隐居山林的方法。山林自古以来被当成保障一个人封闭空间的好地方，许多隐居者喜欢在山里生活。

中国诗人李白亦曾多次隐居山林，还把隐居生活的乐趣写在下面一首诗里。

问余何意栖碧山，笑而不答心自闲。

桃花流水窅然去，别有天地非人间。

——《山中问答》

这诗的大意是：一个俗人困惑地问我为何幽居碧山，我笑笑，并不做答，心中无比坦然舒畅。瞧那桃花飘落溪水，伴着流水悄然远去。这碧山别有洞天，宛若仙境，胜过人间。

日本的中国文学研究家斯波六郎在《中国文学中的孤独感》中引用了李白的《山中问答》，并阐释道："从诗中显然能看出当时李白对于孤独的看法，他并不把孤独当成一种寂寞，而是如身处仙境一般享受其中。"斯波六郎说："从这首诗中能读出李白对世俗不以为然的高洁的心灵。"

很惭愧，我至今还未实现如此高的境界。我总在努力朝这个目标更靠近一些。平时我居住在远离东京的乡下，那里被群山围绕，也可以增加入山的机会，能留给自己充足的脱离世俗的时间，心里甚是欢喜。

美妙的森林浴

森林浴，又一个值得推荐的独处方式。

想必大家都知道写下《瓦尔登湖》《缅因森林》的“森林居住者”亨利·戴维·梭罗吧？梭罗热爱自然，喜欢隐居在森林中自给自足。他曾在书中写道：

“当我能享受四季带给我的陪伴，生命就不会成为我的负担。”

“在森林里我遇见许多志同道合者，他们都是孤高的存在。”

“远离人类世俗发出的声音，聆听大自然的旋律。”

“从融入自然的那一刻起，我感受到源源不断的消息从森林中冒出来。”

“我步入丛林，因为我希望活得有意义，我愿汲取生命中所有的精华，然后从中学习，以免在生命终结时发现我从未活过。”

我想已不需要更多的言语来赘述。你有没有立即背包探索山林的冲动呢？

只要能在日常的空隙里寻找到一个人的时间，经常与自我对话，能发自心底享受这个时间带来的愉悦，你就已经上完积极孤独课的所有课程，可以领取毕业证书了。

此时你就像众多哲学家在孤独中反复求索一样，获得了强韧的精神和真正的自由，以及至高的幸福。

后　记

写作本来就是孤独的历程。再加之是这样一本孤独书，执笔过程中更要展开一番哲学思考。幸好在此之前我就已经处于能够享受孤独的状态，所以这次写作赋予了我一段无比美好的一人时光。

特别有趣的是，待到回过头推敲书稿时，我又经常好巧不巧地处于类似的情景。比如我前面曾写过“我现在正在咖啡厅里撰写本书”，而再回顾这段时，恰巧还在咖啡厅，这种跨越时间的自我对话就很有趣了。看到我一个人笑出声，周围的客人投来纳闷怀疑的眼神，但我却无所畏惧，因为我知道，当下的自己很开心、很充实，这就足够了，这就是积极的孤独。

思考孤独的时间，也是面对自我的时间。想想对自己来说孤独到底是什么，如何享受孤独，这就像小孩子一边拿着新买的玩具，一边想出各种新花样，是不是按这里会发出声音？会不会碰一下就动起来？有没有别人不知道的玩法呢？——探索孤独的过程，也是这么幸福。

在写作过程中我真正触碰到的并不是孤独，而是我自己。

当我热衷于思考某件事情的时候，其实是把这些事当成钥匙，开启探索自我的大门。

用孤独这面镜子照出来的我自己，会流露出平时看不到的表情——混杂着焦虑不安、期盼而又心平气和的，一种不可思议的表情。这也是理所应当的，因为孤独本身就是一种夹杂着焦虑、期盼以及平和的状态。那一刻，我与孤独融为一体。

我常说，真正的幸福只能在孤独中得到。换句话说，我也终于得到了人生的幸福。

人们普遍认为，孤独是祸害人生的元凶。不敢苟同。如果你能把孤独的时间转化为幸福的时光，你会打开一个新天地，也再没有外物能左右你、让你心生畏惧。

最后，由衷期盼阅读这本书的读者能够把孤独掌控在手中，不逢迎、不谄媚，坚守本心，度过自己独一无二的人生。

参考书单

叔本华，《人生的智慧》

吉田兼好，《徒然草》

约翰·卡乔波、威廉·帕特里克，《孤独是可耻的：你我都需要社会联系》

诸富祥彦，《孤独的达人：深化自我的心理学》

田中慎弥，《孤独论：逃避也要活下去》

河野哲也，《人在口若悬河的时候，其实什么都没想——对话与思考的哲学》

加藤周一，《一个人就可以：加藤周一的遗训》

爱比克泰德，《爱比克泰德语录》

冈本太郎，《请让自己拥有孤独》

伊集院静，《独走人生：大人的作风》

熊谷高幸，《天才的孤独少年期——从达·芬奇到乔布斯》

三木清，《人生论笔记》

霍弗，《码头日记》

帕斯卡尔，《思想录》

希尔逖，《不眠之夜》

尼采，《人性的，太人性的》

老子，《道德经》

弗洛姆，《爱的艺术》

罗素，《幸福之路》

和辻哲郎，《伦理学》

蒙田，《蒙田随笔》

塞涅卡，《论幸福生活》

马基雅维利，《君主论》

奥勒留，《沉思录》

赫拉利，《今日简史》《人类简史》

罗宾·夏玛，《生命尽头，谁将为你哭泣：以终为始的人生智慧》

斯波六郎，《中国文学中的孤独感》

梭罗，《瓦尔登湖》《缅因森林》

著作权合同登记号：冀图登字 03-2021-142

图书在版编目（CIP）数据

人生不必太合群 / (日) 小川仁志著 ; 唐实译 . -- 石家庄 : 河北科学技术出版社 , 2022.4
ISBN 978-7-5717-1066-8

Ⅰ . ①人… Ⅱ . ①小… ②唐… Ⅲ . ①人生哲学 - 通俗读物 Ⅳ . ① B821-49

中国版本图书馆 CIP 数据核字 (2022) 第 027070 号

人生不必太合群
RENSHENG BUBI TAI HEQUN
(日) 小川仁志 著　唐实 译

出版发行　河北科学技术出版社
地　　址　石家庄市友谊北大街 330 号（邮编：050061）
印　　刷　三河市兴达印务有限公司
经　　销　新华书店
开　　本　880mm × 1230mm　1/32
印　　张　6.5
字　　数　120 千字
版　　次　2022 年 4 月第 1 版
印　　次　2022 年 4 月第 1 次印刷
定　　价　49.80 元

